爱上科学
Science

宇宙探秘历险记

地球上的挑战

墨子沙龙 著

人民邮电出版社
北京

图书在版编目（CIP）数据

宇宙探秘历险记. 地球上的挑战 / 墨子沙龙著.
北京 ： 人民邮电出版社，2025. -- （爱上科学）.
ISBN 978-7-115-65949-1

Ⅰ. P159-49

中国国家版本馆 CIP 数据核字第 20253PL665 号

内 容 提 要

　　本书图文并茂，通过小酷、甜甜、阿亮三位主人公的探险经历，介绍了宇宙诞生的故事。书中通过一系列有趣的游戏和挑战、三位主人公的学习日记、知识小课堂，向读者介绍了流星雨、陨石等天文现象，阐释了望远镜的发展历史及其观测原理。随着游戏和挑战的层层推进，读者还将跟随伽利略的脚步，领略月球的神秘与木星的卫星奇观，并一窥宇宙的浩瀚无垠。此外，书中还介绍了黑洞这一宇宙最神秘的天体，通过深入浅出的讲解揭示了黑洞的奥秘与观测方法。本书非常适合热爱科学的青少年阅读。

◆ 著　　　　　墨子沙龙
　　责任编辑　　胡玉婷
　　责任印制　　马振武

◆ 人民邮电出版社出版发行　　北京市丰台区成寿寺路 11 号
　　邮编　100164　　电子邮件　315@ptpress.com.cn
　　网址　https://www.ptpress.com.cn
　　北京宝隆世纪印刷有限公司印刷

◆ 开本：700×1000　1/16
　　印张：8.5　　　　　　　　　2025 年 6 月第 1 版
　　字数：118 千字　　　　　　 2025 年 6 月北京第 1 次印刷

定价：59.80 元

读者服务热线：(010)53913866　印装质量热线：(010)81055316
反盗版热线：(010)81055315

谨以此书献给蒋济如，我们永远怀念你！

推荐序

面对浩瀚无垠的宇宙，人们总是会对星空中那些遥不可及的天体充满无尽的好奇与向往。古往今来，我们仰望繁星，探索未知，不断努力，试图揭开宇宙的神秘面纱。《宇宙探秘历险记》（全两册）正是一套带领我们穿越时空、探索宇宙奥秘的科普读物。在这套书中，我们将跟随墨子沙龙科普社团的三位小主人公——小酷、甜甜、阿亮，一起踏上一段又一段惊心动魄的探险之旅，从地球出发，飞向太空，探索人类目前认知中的宇宙边界。

宇宙的奇迹与人类的探索

宇宙，这个古老而神秘的存在，自诞生之日起就承载着无数的奇迹。它是如此浩瀚，以至我们穷尽一生也无法窥其全貌；它又是如此神秘，以至我们每一次的发现都只是揭开了它面纱的一角。然而，正是这种未知的魅力，激发了人类探索宇宙的无限热情。

人类对宇宙的探索从未停止。从古人第一次仰望夜空，记录星辰的演变，到哈勃空间望远镜揭示宇宙膨胀的秘密；从阿波罗登月计划实现人类首次踏足月球，到旅行者号探测器飞出太阳系内沿，每一次的突破都标志着人类文明的进步。时至今日，人类依然能够发现尚难理解的天体现象，不断地刷新我们对宇宙的认知。

在这套书中，作者通过一系列生动的故事，结合三位小主人公的虚拟现实经历，带领读者体验宇宙探索的乐趣。从宇宙大爆炸的震撼场景，到黑洞的神秘莫测；从月球的荒凉表面，到火星的红色沙丘。书中主人公们每一次的探险都是对未知世界的一次深刻洞察。跟随主人公们探索的脚步，我们将回顾人类科技发展史中的重要瞬间，介绍当前宇宙探索的最新进展。在书中，我们还将重现中国嫦娥六号全球首次月背采样返回、天问一号火星探测、航天员驻守中国空间站等重大事件，感受中国航天科技的飞速发展。

宇宙中充满了神秘的奇观。随着故事的推进，我们将在这套书中一起探索宇宙中的各种奇妙现象，如流星雨、陨石、黑洞、引力波等。通过"笔记"和"小课堂"等形式，书中的主人公们为大家展现了这些现象背后的科学原理，让读者对宇宙有更加深入的了解。其中，令我感受深刻的内容包括：主人公们通过游戏的形式，让读者沉浸式体验到了太空垃圾清理任务的紧迫，并详细地介绍了万有引力、宇宙速度等基础理论。我们还将跟随着主人公们一起飞向火星，去探索这个红色星球的秘密；飞出太阳系，去寻找系外生命的踪迹。

科学的力量与全人教育

从古老的观星占卜，发展到如今的天文学，我们逐渐发现科学研究是探索宇宙最有力的途径。在这套书中，作者不仅介绍了宇宙的起源和演化，还详细记录了航天发展的辉煌历程，尤其是中国载人航天的辉煌成就。在人类历史的发展中，科学精神是推动人类社会进步的重要力量。书中三位主人公的探险故事不仅传播了科学知识，还能培养读者的科学精神，让大朋友、小朋友们都能敢于质疑、勇于探索和创新，培养批判性思维和解决问题的能力。

全人教育的意义在于启迪心智、激发潜能、探索未知。《宇宙探秘历险记》（全两册）不仅仅是一套科普读物，更是科学教育的媒介。本套书通过游戏和闯关的形式，让科学知识变得生动有趣且充满人文关怀，让学习成为一种享受。我们相信，每一个孩子都是天生的探险家，他们的好奇心和探索精神是推动科学进步的原动力。未来，宇宙探索将更加深入和广泛。随着科技的发展，我们有望揭开更多宇宙的奥秘，甚至可能发现外星生命。我们也期待未来的科学家、探险家，能够继承前人的火炬，继续在宇宙探索的道路上勇往直前。

《宇宙探秘历险记》（全两册）是一套充满激情和智慧的科普读物。它不仅为读者提供了丰富的科学知识，还激发了他们对宇宙探索的无限想象。希望每一位读者都能在这套书中找到属于自己的星辰大海，开启一段属于自己的科学探险之旅。让我们一起跟随小酷、甜甜、阿亮的脚步，冲出地球，飞向太空，探索宇宙的奥秘，书写属于我们这个时代的科学传奇。在这段旅程中，我们不仅能收获知识，还能收获勇气和梦想。让我们以饱满的热情、不懈的努力，迎接每一个清晨和黄昏，用智慧和勇气书写属于我们这一代的故事。

蔡一夫

中国科学技术大学物理学院天文系教授

自序

　　墨子沙龙自2016年成立以来，通过讲座、视频、网络公开课、科普订阅号等多种形式开展科普活动。青少年是墨子沙龙观众中最引人注目的群体，有些墨子沙龙的"老观众"提出的问题让科学家都惊叹不已。青少年也是墨子沙龙观众中备受关注的群体，墨子沙龙在筹备活动期间都会与受邀的嘉宾充分沟通，其中一个几乎不变的要求就是嘉宾的讲座内容不能太深奥，要让中学生能听懂。

　　我们很早就打算以青少年为主角，为他们撰写有趣的科普故事。最初我们的计划是创作一系列脑洞大开的穿越故事，让三位主人公与历史上的杰出科学家会面并参与他们的科学研究；同时也能穿越到未来，在太阳系末日时刻与太阳系末日展开紧张刺激的追逐，为拯救地球文明而战。然而由于种种原因，这些天马行空的想法在实施时遇到了一些挑战，幸运的是在出版社编辑的启发和协助下，我们逐步构建了现在的故事框架，并保留了我们最初钟爱的情节。遗憾的是，我们忍痛放弃了与太阳系末日追逐的精彩场面及一些角色，但三位主人公始终没变。假设他们从我们动笔那年（2018年）开始上初中，现在都该上大学了，然而故事中的他们仍然还在上初中。另外，我们还增加了新的角色，以纪念曾经为这套书付出努力的同事。

　　在这套书的写作过程中，世界也发生了巨大的变化，我们决定将这些变化融入书中。例如，2019年全球首张黑洞照片的发布，我们在看到新闻的那一刻就决定将其纳入故事中。随后黑洞照片的每一次更新都被我们记录在了故事里。从2018年至2024年，我们见证了中国航天科技的飞速发展：嫦娥六号全球首次月背采样返回、天问一号火星探测、航天员驻守中国空间站等。科技的飞速进步也推动着我们不断修正内容，力争展示最前沿的成果，激发青少年的爱国情怀，培养他们对科学的兴趣，鼓励他们树立勇于探索的信念。

墨子沙龙

2024年8月

目录

第一章
开学啦！摘星挑战

虽然酷暑已过，上海的九月仍然有一丝闷热。不过走在校园里梧桐树绿荫下，科华学校的六年级新生陈嘉科感受着微风，倒也十分惬意。走进教学楼，他一边寻找教室一边好奇地张望，丝毫没察觉背后追来的两个小伙伴。

"小酷！咱们又在一个学校啦！"罗亮高兴地和陈嘉科打招呼。陈嘉科一把勾住罗亮的脖子，勒得他龇牙咧嘴，刘星恬在一旁淡定地看他俩胡闹。陈嘉科、罗亮、刘星恬，他们三个是青梅竹马，在同一个小区长大，小学一个班。虽然后来三人各自搬走，但仍然住在同一个街道，保持着亲密的友谊。

"差不多得了啊。"两个男孩动手动脚的范围逐渐扩大，刘星恬果断发出了警告。刘星恬，小名甜甜，今年11岁，比男孩们小一岁，个子却差不多高，说话也很有威信。科华学校女学生的秋季校服是白衬衣、灰色开衫毛衣和同色西装短裙，甜甜扎了个高耸的马尾，看起来特别"飒"。

"嘿嘿，你俩今天怎么比我来得还晚啊。我还以为我又是最后一个到呢。"因为上海话里"科"发音类似"酷"，所以陈嘉科的家人和好朋友都叫他小酷。小酷什么都好，就是爱睡懒觉，三个人的聚会他总是迟到。

"我们早就来啦，但是我们先去体育馆逛了一圈。"阿亮说。

"体育馆？去那儿干吗？"小酷问。

"丰富的课外社团是科华一大特色，所以我们去看了一下社团招新。确实挺不错的，除了运动类、艺术类的社团，今年还新增了不少科学社团。"甜甜说。

"不过招新要放学以后才开始，现在摊位上都没人，我们就拿了一些宣传册。"阿亮一边走一边不忘整理他那漂亮的自来卷头发。

"哦，那我们放学后一起去呗。"小酷说，"对了，我在六年级三班，你们在哪个班？"

"我和甜甜都在二班。"阿亮回答。

"哎呀，可惜了，不过咱们也算是邻居啦。"阿亮和小酷击掌告别，三人约定好放学后一起去体育馆。

三个好朋友

放学后，三个小伙伴一起来到了体育馆。推开体育馆的门，三人被里面壮观的报名队伍给惊呆了，尤其是热门社团的摊位前，更是人山人海。阿亮是摄影爱好者，他早就锁定了摄影社团，甜甜要参加管弦乐团，还好这两个社团在他们学校里并不热门，他们很快就报好了名。小酷没具体想法，一边闲逛一边收了不少宣传册。他不去凑热闹，反倒对角落隔离带拉出来的空地产生了兴趣。那儿不知是留给什么社团的，只放了几个工具箱。这时，几位年轻的女老师有说有笑地走了过来。她们麻利地支起宣传用的易拉宝，又从工具箱里拿出笔记本电脑和一些像耳机一样的东西进行调试。

"哇，是VR（虚拟现实）眼镜哎，这是什么社团，这么阔气？"阿亮不知何时凑到了小酷身边。

"不知道，看看去？"小酷的好奇心被勾起来了。

"哎，你们干吗去？"甜甜也注意到了这个新摊位，趁着还没人排队，三人先走了过去。

"同学们，你们好呀。"还没摆好摊位就来了"生意"，一位短发的年轻女老师热情地迎了上来。

"请问这是什么社团呀？"甜甜当仁不让地担任小团队的外交"大使"。

"我们是墨子沙龙科普社团，今年是第一次入驻中学。这是我们的科学课程，通过虚拟现实的游戏授课，主题是关于宇宙。前半部分介绍的是人类近代天文学科的发展，后半部分是带领大家通过驾驶飞船，感受宇宙大爆炸以来的宇宙形成过程。课程名额有限，要通过游戏考验才能加入，有兴趣不？"女老师说着，已经从箱子里掏出了三副全新的VR眼镜。

墨子沙龙科普社团摊位

看到VR设备，阿亮早已跃跃欲试，他轻轻地戳戳甜甜后背，甜甜心领神会。

"那我们就试试吧。"甜甜说。

"好嘞，请在这个表格里填写个人资料，领取你们的VR设备。"

这时，陆续有其他同学也来到摊位上，墨子沙龙的其他老师便带着他们到旁边进行登记并戴上了VR眼镜。

"老师，不讲规则就直接玩吗？"小酷一边戴眼镜，一边担心地问。

"游戏里会有'人'带你们玩的。"老师的声音远远传来，小酷还没来得及反应，眼前就一片漆黑。他谨慎地站在原地，忽然眼前一道光闪过，游戏开始了。

小酷站在一片黑暗中，周围依次闪现出几个人的轮廓，小酷数了数，正好12个人。

"阿亮，甜甜，是你们吗？"小酷感觉其中两个人的轮廓很像自己的好朋友。那两个人对他挥了挥手作为回应，来不及寒暄，一个机械的声音就响了起来。

"年轻的探险家们，欢迎来到摘星挑战。中国唐朝伟大的诗人李白曾经写过一首诗：危楼高百尺，手可摘星辰。不敢高声语，恐惊天上人。从人类诞生以来，我们就对天上的星星有无限的向往。从用肉眼观测到用望远镜观测，人类一直在试图拓宽自己的视野，追逐星辰的脚步。今天我们的摘星挑战，就是考验大家解决问题的能力，请大家利用系统分配给你们的工具，结合你们了解的天文知识，试着'摘'下星星吧。"

话音未落，众人脚下的黑色地面一下子裂开了，大家立即坠了下去，还好头顶的降落伞瞬间打开，所有人都稳稳地落在了地上。小酷感到有点头晕、恶心，他停了一会儿才恢复过来，并开始观察四周。

这是一片荒漠，几棵金色的胡杨树零零散散地装点着一望无垠的沙漠，明黄的砂石在湛蓝天空的映衬下，非常耀眼。太阳西斜，天空从湛蓝渐渐变成温暖的橙色，夕阳的余晖把沙漠上的树和人，拉出了好长好长的影子。

沙漠、夕阳、胡杨树。参与游戏的同学们被眼前壮美的景观震住了，他们环顾四周，发现大家好像是真实地出现在游戏场景中。小酷立即认出了甜甜和阿亮。

"这也太真实了！太美了！"甜甜感慨道。

"这VR技术也太牛了，这种瞬间人物建模的能力，太厉害了！"阿亮不可思议地摸着自己的脸和身体。他想去摸摸小酷的脸，却发现他们之间似有一道无形的墙，隔开了彼此。

沙漠、夕阳、胡杨树

摘星挑战之流星雨

"各位玩家，本次考验为个人闯关模式，你们的对话通道已被关闭，请大家打开眼前的盒子。"

系统音播放完毕，12个玩家面前都浮现出一个盒子。甜甜难掩兴奋，她最喜欢接受挑战了，于是迫不及待地点了一下，盒子打开了，一个黑黑的东西掉进她手里——一台单反相机。

小酷和阿亮也分别打开了自己的盒子，阿亮得到了一台拥有"大炮筒"镜头的单反相机，小酷有点看不懂自己手里的银色长方体是什么，不等他细想，系统音又响了起来。

"各位玩家，天黑后，这片沙漠将有一场流星雨降临。你们要用手中的相机拍到尽可能多的流星。一张照片上的流星有5颗及以上得3分，4颗得2分，3颗得1分，低于3颗不得分。拍到火流星，额外加2分。记住，你们只有3次按快门的机会，总分超过5分才算过关。你们可以自由调节相机的参数，各展所能。"

"我这台也是相机吗？"小酷嘟哝着，一边拨弄着手里的方形盒子，一边想这个盒子到底是什么。

小酷拿到的"傻瓜相机"

想起来了！这是"傻瓜相机"，小酷曾在爷爷家见过这种相机！傻瓜相机没有电子显示屏，只有一块指甲盖大小的取景框，透过它可以看到相机"看到"的画面。他打开电源开关，镜头盖自动滑开，镜头露了出来。这种相机的优点是操作简单，按下快门就能拍照，缺点是不能变焦，也不能调整其他参数。小酷叹了口气，没想到会抽到这么老式的设备，看来运气不佳。

三人之中，阿亮是最幸运的，他抽到的相机拥有广角镜头，还可以变焦，是拍摄流星的绝佳工具，这无疑大大降低了他的游戏闯关难度。阿亮取下镜头盖，左手托着镜头，右手握住机身手柄，眼睛凑近取景框。镜头里是一片广阔的沙丘，沙丘上的斑点是胡杨树，太阳正在沉入地平线，余晖把天空染得一片绚烂，天很快就要黑了。

阿亮转动相机上的变焦环，镜头里的景物被慢慢放大。透过取景框，阿亮可以清楚地看到小酷手里的傻瓜相机和小酷皱眉思考的表情。用傻瓜相机拍流星的难度可不小，他不禁为好友捏了一把汗。

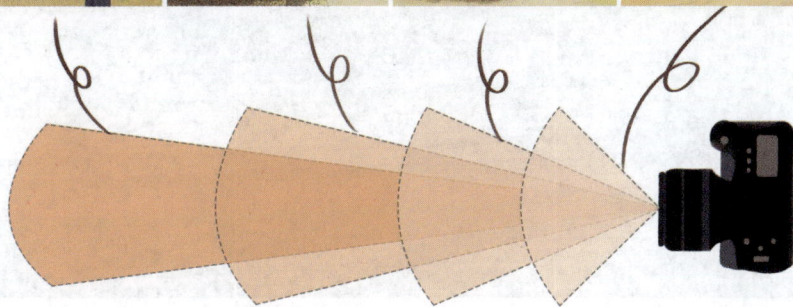

| 300毫米 | 105毫米 | 35毫米 | 15毫米 |

随着镜头焦距的变化，取景框中的画面视野也随之改变

阿亮镜头中的小酷

阿亮扭头看了一眼甜甜。虽然她手里的单反相机比小酷的专业，但搭配的镜头适合拍人物近景，不太适合拍流星。不过，阿亮没那么多时间为朋友担心，很快，夕阳落下，夜幕升起，群星闪耀，流星雨马上就要来了。

阿亮深吸了一口气，强迫自己集中注意力。他反方向旋转手中的变焦环，镜头中的景物慢慢变小，相应地，视角在慢慢变大。流星雨来了，阿亮按下快门，定格的照片中有4颗流星。

轻松得到2分！阿亮放松下来，他不打算等火流星出现这种小概率事件，决定速战速决，快速通关。

阿亮拍摄的照片

借助手中的相机，阿亮很快拍到了1张有4颗流星的照片和2张有5颗流星的照片。小酷因为工具不趁手，游戏难度大大增加了。通过傻瓜相机的取景框寻找流星和用肉眼看没什么区别。流星出现得非常快，位置又很随机，反应较慢的傻瓜相机确实很难捕捉。

小酷把心一横，举起相机对准天空按下了快门，想直接拍两张照片碰碰运气，但他看到照片就傻眼了——明明是对着流星看起来最密集的地方拍的，但第一张照片上黑乎乎的什么都没有，第二张照片上呈现出的只有零散的两颗流星。按规则，低于3颗不得分，浪费两次得分机会了……

小酷不敢再贸然尝试，他放下相机，仰望天空，陷入了沉思。

另一边，甜甜也在静静地观察着天上的流星。她拿到的是35毫米定焦镜头单反相机。所以，她不能像阿亮一样通过调整焦距来调整视角。她也在流星密集的时候尝试性地拍了一张，比小酷好一点，勉强拍到了3颗流星，但也不能保证可以凭借

3张照片通关。

甜甜放下相机，闭目思索——星空摄影图片中的璀璨银河、旋转星轨，是怎么拍出来的呢？只靠高级设备吗？肯定不是的，摄影师们一定有自己的"诀窍"。她在脑海中努力搜寻、回忆自己看过的高质量星空照片，在照片右下角的介绍卡上，通常会有标题、拍摄地点、拍摄参数、相机品牌、镜头型号、曝光时间……

曝光时间！仿佛一道闪电劈过，甜甜的心里瞬间亮堂起来。

她明白怎么拍了！

甜甜低下头，再次查看自己手中的相机。发现快门按键附近一个小小的转盘，上面标着"1/1000，1/600，1/100……1，10"等数字，这就是快门速度。现在转盘处于1/30的位置，甜甜将它拨到10，代表曝光10秒。

曝光10秒，没有三脚架，用手举着相机拍出来的照片大概率是糊的，这可怎么办？她甩了甩头，好像要把脑子里的困难也一起甩走。有了！地面不就是最稳定的"三脚架"吗？甜甜把相机放在地面上，镜头朝天，静待流星密集出现。

摁下快门后，甜甜在心里默默倒数。10秒后，她拿起相机查看照片。太棒了！繁星点点的背景下，有10多条流星的轨迹。现在，4分到手，胜利的曙光就在眼前。

甜甜拍摄的照片

另一边，时间一分一秒流逝，小酷却束手无策。他拍了两张照片，一张黑乎乎什么都没有，当然不能得分；另一张上面有两颗流星——这已经是他耐心等待的最好成果了，可是按照规则，仍然不能得分。小酷的相机不能像甜甜的相机那样设置曝光时间，也不能像阿亮的相机那样改变视角，只能按快门。现在，只剩一次机会，却还没想到应对的策略，小酷索性躺在地上仰望星空。

只剩一次机会了，小酷并没有放弃，他一直在思索解决办法。流星雨还在继续，流星们好像看出了小酷的苦恼，纷纷向他"奔"来。看久了，小酷有点眼花，他眯起眼睛，想要从这些轨迹中找到规律。似乎，它们都从同一个点发射出来？

小酷揉了揉有些发酸的眼睛，从地上一跃而起，大喊："我明白了！"接着，小酷开始沿着流星的轨迹方向做反向延长线。

"这些流星，都来自共同的辐射点！"小酷得出了自己的结论。

小酷举起相机，对准辐射点。虽然依旧是裸眼拍摄，但这次，他从容了很多。当新一波密集的流星雨到来时，他胸有成竹地按下了快门。

小酷拍摄的照片，请留意流星的轨迹有什么规律

"咔嚓！"

小酷低头检查自己的成果："1、2、3、4、5……"他数了数照片上的星星，大于5颗，按照规则，他可以得到3分。

即使拍到了5颗以上的流星，也只能拿到3分，看来通关无望了。正当小酷感到失落的时候，天上突然传来了一阵轰隆隆的爆响。大家不约而同地望向天空。火流星拖着长长的尾巴，伴随着雷鸣般的爆裂声，划过天际，无比壮丽！在那一瞬间，面对神秘宇宙带来的震撼，小酷觉得比赛的得失已经不重要了。

火流星

摘下VR眼镜以后，小酷花了好一会儿工夫才适应外面的环境。他看了看周围的同学们，大家显然也都有同样的感觉。看到老师在给大家发放打印的流星照片，小酷想起了自己糟糕的拍摄过程。

"挑战结束，恭喜大家全部通过第一轮挑战！大家都非常棒哦！"短发女老师一边发照片，一边开心地恭喜大家。

"我……我也通过挑战了？"小酷不敢相信自己也顺利通关了。

"没错，陈嘉科同学，你非常幸运，最后一张照片拍到了火流星的初始形态，看，就是这里。"老师用手指着其中的一颗流星，阿亮和甜甜也凑了过来。"虽然它看起来和普通流星很像。"

"刘星恬同学也很棒，她的单张照片中拍摄到的流星数量最多。"老师向他们展示了一张照片，正是甜甜将相机放到地上拍摄的那张。

"哇，甜甜，你好厉害啊！"阿亮看着甜甜的照片，由衷赞叹。

"还好啦。"甜甜不好意思地摸摸头，"老师，这样我们是不是就都可以加入墨子沙龙的科学社团了？"经过一轮游戏，甜甜已经被这种新颖的科普方式深深地吸引了，她恨不得能第一个报名加入。

"别着急，还有一轮挑战呢。"老师给每副VR眼镜消毒后，又交还给了大家，"为了保护大家的眼睛，我们把挑战分成了两轮，现在请大家原地休息。10分钟后，开始第二轮挑战！"

　　游戏中，小酷、阿亮和甜甜分别用不同的工具和方法拍到了流星。流星稍纵即逝，当你有幸遇到流星雨，想不想把它们拍下来和朋友们分享呢？

流星雨的拍摄

拍摄步骤

（1）把三脚架放在稳定位置，相机固定在三脚架上（如果没有三脚架，可以用栏杆、窗台、书包甚至地面当支撑物）；

（2）相机快门设在B门；

（3）对焦在无穷远处，光圈开到最大；

（4）找准时机按快门。

B门，长时间曝光【快门设置】　　B　　F1·8　　【光圈】数字越小，光圈越大

手动档

【对焦】　　M　　ISO 800　　【感光度】数字越大，越容易感光，但噪点也越多

手动对焦于无穷远处　　MF

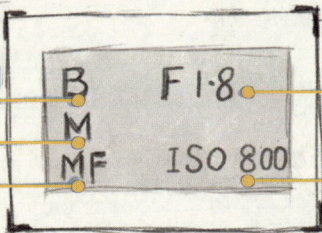

用广角镜头，或将变焦镜头调到广角端

星空摄影

在哪里拍摄？

	视野开阔	远离人造光	天气	其他
小区广场	✗	✗	晴朗 ✓	交通
屋顶天台	✓	✗	多云 ✗	装备
外滩	✓	✗	雾 ✗	保暖
南汇嘴	✓	✗	雨雪 ✗	……
崇明岛	✓	✓		安全

流星雨时间表

构图

利用天际线分割画面

8月	英仙座流星雨
10月	猎户座流星雨
11月	狮子座流星雨
12月	双子座流星雨

注1 留意流星雨极大值出现时间，可关注天文馆当月天象预报。

注2 使用星空软件帮助确认星座方位。

巧妙利用前景

创意光影游戏

2022

小酷的笔记
流星的种类

流星是闯入地球大气层的外太空尘埃微粒，与大气摩擦而发光。它从夜空划过，转瞬即逝，它在何时、何地出现，有一定的**偶然性**。

火流星比普通流星更耀眼，有的火流星还会伴随爆炸声，像一条火龙划过天空，极少数超级火流星在白天也能看见。多数普通流星在落地前就被烧光了，火流星因为块头更大，可能会有一些没完全燃烧的部分落到地上，这就是陨石。

流星雨会周期性地出现，我们可以有准备地欣赏到大量的流星，如每年夏天出现的英仙座流星雨，11月的狮子座流星雨，12月的双子座流星雨等。密集的流星体在天空中的运动轨迹近乎平行。但从地面观测时，由于透视效果，它们看起来都来自天空中同一个辐射点。流星雨以辐射点附近的星座来命名。

火流星

流星雨

大多数流星雨来自彗星散落的碎片。彗星主要由水冰、尘埃以及少量冻结气体（如二氧化碳）混合而成，它沿着狭长的椭圆轨道绕太阳运动。它的亮度和形状会随着与太阳之间的距离的变化而变化。彗星接近太阳时，温度升高，冰物质升华形成彗发和彗尾，同时部分星体瓦解释放碎片。彗星一路掉落的碎片分布在彗星轨道的某些区域，当地球穿过这片区域时，大量碎片闯入大气层后会被燃烧，从而形成流星雨。

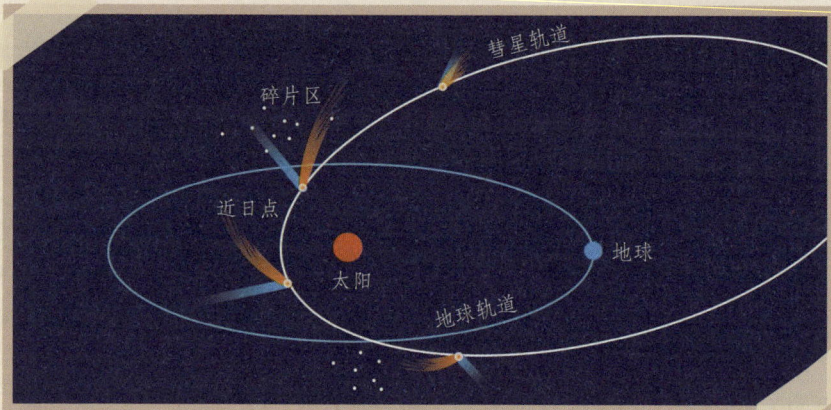

彗星拖曳出长长的尾巴（彗尾），离太阳越近，彗尾越长

流星雨现象并非地球特有，金星、火星上也有流星雨。

哈雷彗星是**周期性**彗星，约76.1年绕太阳一周，它的轨道是狭长的椭圆形。

哈雷彗星狭长的椭圆轨道

卡塔妮娜彗星（C/2013 US$_{10}$）是**非周期性**彗星，它的轨道是抛物线形。它曾造访太

阳系，在2015年11月15日到达近日点（离太阳最近的地方），而后一去不回。

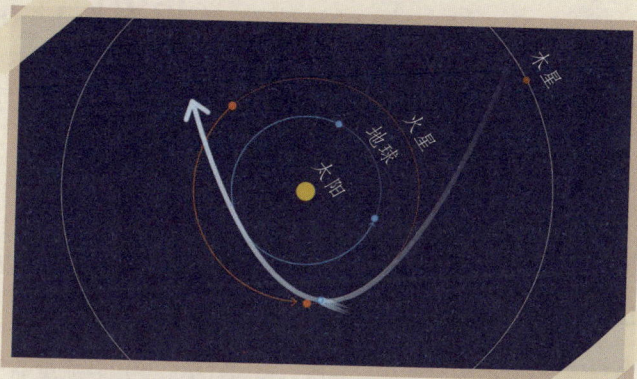

卡塔妮娜彗星的
抛物线轨道

我国在西汉时期就有关于彗星的记载了。长沙马王堆出土的帛书中描绘了彗星的29种形态，这是世界上现存最早的彗星形态图谱。

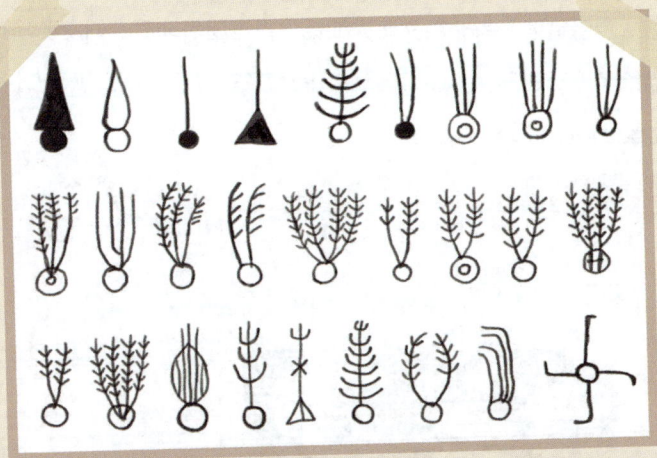

长沙马王堆帛书描绘
的彗星形态（部分）

古时候，彗星被称为扫把星、灾星，往往被视为不祥的天象，预示着灾难即将来临。现在我们知道，彗星是水冰、尘埃以及少量冻结气体混杂在一起的星体，"扫把"其实是对彗星彗尾的形象描述。

关于流星的历史记载

中国自古以来就有天文观测的传统，流星作为异象之一，被大量记载。

《竹书纪年》记载，"**夏帝癸十五年，夜中星陨如雨**"。

《左传》记载，"**鲁庄公七年（公元前687年）夏四月辛卯夜，恒星不见，夜中星陨如雨。**"这是世界上最早的对天琴座流星雨的记录。

《宋书·天文志》有记录，"**大明五年……三月，月掩轩辕。……有流星数千万，或长或短，或大或小，并西行，至晓而止。**"这段文字对公元461年的一次天琴座流星雨做了精彩的描述。

《史记·天官书》中的"**星坠至地，则石也**"，记录了流星体落到地上成为陨石这一事实。

北宋沈括所著《梦溪笔谈》有一篇文章详细记录火流星落地后人们发现陨石的过程，文章中不但描绘了陨石的形状，还指出陨石中含有铁。几百年后，欧洲才有记录提到陨石是流星体坠落地面的残留物。

第二章
成功入社：陨石猎人

第一轮的摘星挑战算是预热，短暂休息后，同学们开始了第二轮挑战。

游戏参与者们又进入了黑暗中。开机画面过后，12道深灰色的人影围成一圈，等待系统布置任务。

陨石猎人争霸游戏开机画面

"年轻的探险家们，祝贺你们完成了第一轮挑战。在这一轮中，你们将化身陨石猎人，被随机传送到三个不同地点——这些地点模拟了世界上真实的陨石散落区。你们各自需要找到一个小伙伴组队，借助金属探测器等工具在20分钟内搜集到500克以上的陨石，才能通关。"

系统宣布完规则后，黑色的地面裂开了，大家再次坠落。小酷这次有了心理准备，落地后不那么眩晕了。

小酷看了眼悬浮在额头前方的电子钟，数字停留在20:00，在右上角有一个小小的问号，他点了一下，眼前出现了两段文字介绍。

陨石是流星体的产物。从古至今，陨石不断坠落地球，散落于世界各地。大部分陨石坠入海洋，还有些或被植被掩盖，或经风化作用与地表的岩屑混在一起，难以区分，所以最终被我们发现的陨石少之又少。

几千年前，人们就懂得用铁陨石（也就是以铁镍金属为主要成分的陨石）来制作农具和武器了，当人们还未掌握炼铁技术的时候，含铁量很高的铁陨石被认为是老天赠予人类的宝物，用它制作的农具和武器是青铜时代的王者。如今，人们早已不再用陨石制作农具和武器了，随着生产力的发展，陨石的价值被进一步挖掘。科学家通过实验分析与研究能够推测它来自哪一个母体，比如彗星、月球、火星、小行星等，能够推测出它大致形成于什么时期，陨石携带的线索可以帮助我们了解地球、月球等天体的起源，甚至对研究太阳系的形成、演化都有重要意义。搜集陨石是目前人们获取地球以外岩石样品的最经济有效的途径。陨石就是太阳系送给地球的"宝石"。

住在北极圈的因纽特人用陨石碎片制作鱼叉的金属头

"系统还挺人性化，先科普了一下。"小酷看了下时间，倒计时已经开始，他连忙环顾四周。这是一片秋收后的麦田，一眼望去，除了一栋平房，几乎看不到人的踪影。

麦田里有一些黑色的石头，小酷随手捡了两块。平房那边也许有人，他决定先去平房那边看看，毕竟组好队才能安心寻找陨石。

小酷很快跑到平房跟前，只见房子外墙墙根堆了一些农具，大门虚掩着。他向大门直奔而去。

"嘿，小心！"门里走出一个人，差点儿和他撞个满怀。

小酷抬起头一看，原来是隔壁四班的刘明梓，他们小学同班，关系还不错。刘明梓爱打篮球，个头儿也特别高。

"刘明梓，你组队了吗？"小酷直奔主题问道，毕竟，组队是通关的第一步。

"啊，已经组队了。"刘明梓有点儿尴尬地回答，他身后走过来一个陌生的同学，手里还拿着金属探测器。时间宝贵，刘明梓不等小酷开口发问，就直接告诉他："这处仓库已经被我们搜了一遍，没有其他的金属探测器了，你去别处找吧。"刘明梓说完便和同伴一起离开了。

"好吧！"小酷苦笑，目送着同学离开。对他来说，比获得金属探测器更紧迫的任务是找到队友。12个人被传送到三个地方，应该还有一个人落在这里。他走进仓库，喊了一声："有人吗？"余光瞥见门边有个水龙头。

"扑通！"忽然仓库后传来一声闷响，把小酷吓了一跳。他小心翼翼地沿着墙边向传出声音的方向走去，于是看到了奇怪的一幕——有人倒栽进一个大木箱里，两条腿露在外面拼命挣扎，还发出"呜呜"的声音，这场面既怪诞又有点儿好笑。他连忙过去帮忙，因为用力太大，两个人一起倒在了地上。那人拨开有些脏乱的头发，原来是阿亮。

"阿亮！"小酷见到了好友分外激动，但也有一丝疑惑，忙问道："你怎么掉箱子里去了？"

"嗨，别提了，我看到这箱子里有个倒扣着的铁桶，想着把它拿出来，说不定有点儿用呢。结果这箱子又窄又深，把我卡住了。还好你来了，不然我就惨了。"阿亮一边说着，一边把怀中来之不易的铁桶递给小酷，小酷把铁桶内外检查了一遍，感觉铁桶底部好像黏着什么东西。他伸进手去抠了一会儿，掏出一个马蹄形状的磁铁。

"嘿，真划算，买一赠一。"阿亮惊喜地接过说，"不过这东西有用吗？"

"磁铁其实也算一种特殊的金属探测器。"小酷回答，"有一种陨石含有铁元素，有了磁铁就可以找到它们。"

"哇，太酷了！"阿亮兴奋地喊。

"所以，组队不？"小酷笑嘻嘻地问。

"当然！"阿亮说完，两人击掌，他们头上的倒计时数字都变成了淡蓝色，代表组队成功。

新鲜出炉的"马蹄桶"组合对通关充满了信心，不过他们很快就垂头丧气了。阿亮拿着磁铁对着小酷捡来的石头试了试，毫无反应，周围看起来也没有像陨石的东西。阿亮很快就不耐烦起来，他随手一甩，磁铁紧紧地吸在小酷提着的铁桶上，发出"嗡"的声音，把俩人吓了一跳。

"真是倒霉！"阿亮说着，一脚将铁桶踹翻在地，地上的尘土扬起，呛得两人咳嗽了起来。小酷看着空中的尘土慢慢落回到地上，他想起刚才在仓库里见到的水龙头，忽然有了一个想法。

"跟我来！"小酷说完便拉着阿亮往门口跑去。

仓库大门边有一个水龙头，小酷拨开附近的杂物翻找了一下，拿到了他想要的东西——橡胶水管。他又拧了一下水龙头，里面流出了自来水。小酷有了一种时来运转的感觉。

游戏画面场景——仓库里的水龙头、铁桶与橡胶水管

"成了！阿亮，你找一下仓库的排水管在哪儿，把铁桶放到排水管下面。"

小酷一边指挥着小伙伴，一边则把水龙头关闭，接着把找到的橡胶水管的一端接到了水龙头上，抱着橡胶水管走到仓库外面。

"小酷，你这是要干什么？"阿亮问道，虽然还不知道小酷想出了什么主意，但阿亮还是照小酷说的做了。

"我记得以前看过一本关于陨石的书，书中提到了'微陨石'。它们大部分由氧化铁矿物组成，慢慢飘落到地面堆积起来。"

"你想找这些'微陨石'？"阿亮疑惑地问："但是你怎么确定这里会有'微陨石'？"

"你看屋顶，上面的积灰很厚，说明这里很久没下雨了，而且这里也没有工厂，可以排除工业排放物的影响。别忘了，系统说会把我们随机降落到世界上真实的陨石散落区，还特意提到了金属探测器，这说明系统暗示我们这里的陨石含有金属成分，所以能用金属探测器来寻找。陨石中最常见的金属成分是铁，虽然我们没有金属探测器，但我们可以用磁铁找到含有铁元素的'微陨石'。"小酷的推理听起来很有道理。

"所以，你让我把铁桶放到排水管下面……你想用橡胶水管把屋顶上的积灰冲下来？"阿亮反应挺快地说道。

"没错，只要我把水流喷到屋顶上就行了！"小酷信心满满地说，阿亮也受到了鼓舞。他赶紧把铁桶放到排水管下，又走进仓库守在水龙头旁边。小酷后退几米，找到了合适的位置和角度，示意阿亮打开水龙头。

"一、二、三，开！"阿亮一拧开水龙头，冲力巨大的水流从小酷手中的橡胶水管喷涌而出，还好小酷抓得牢，橡胶水管才没乱跑。阿亮又跑到铁桶旁边，橡胶水管流出的水在屋顶蔓延开，最终从排水管里流了出来，汇集到下方的铁桶里。

游戏画面场景——小酷向屋顶喷水

屋顶上流下的污水逐渐变清，铁桶里的水也快满了，阿亮关上水龙头。两个人等了一会儿，等铁桶里水中的杂质沉淀，然后扶着铁桶慢慢倒掉了上面的水，只剩下桶底一层厚厚的淤泥。

"咱们至少要搜集500克，这些淤泥里能有多少'微陨石'？不知道够不够。"阿亮担心地说。

"我感觉挺多的，你把收集袋拿出来。"小酷说完，便把铁桶翻转过来，把淤泥倒在地上，他撸起袖子，用磁铁的两端在淤泥里轻轻地搅动，再提起，磁铁两极上吸附了一堆黑乎乎、毛糙糙的东西。

两个男生对视一眼，脸上都浮现出兴奋的神情，尽管淤泥让人感觉有点儿恶心，但对通关的渴望让他们战胜了心理障碍。反复操作了几次之后，两个人的收集袋里都是沉甸甸的了。小酷站起身，拍了拍手说："咱俩这把稳了！"

"也不知道甜甜那边怎么样了。"阿亮想起了另一位好友，说道。

"甜甜那么聪明，肯定没问题！"小酷刚说完，时间就到了，两人眼前的画面逐渐消失，系统显示"游戏结束，通过挑战"。

摘下VR眼镜，小酷慢慢地适应了眼前的环境，甜甜已在隔离带外等着他们了。

"怎么样，你们通过挑战了吗？"甜甜问道。

"嗯，通过了，你怎么样？"小酷问。

"我运气特别好，被传送到了南极。"甜甜一脸兴奋地说："雪地上有很多陨石，黑色的陨石在雪地里特别显眼，直接捡起来就好了！"

"啊，也太幸运了，我们好惨啊，先是被木箱卡住，后来又是冲屋顶又是从淤泥里找'微陨石'，弄得全身都是泥。"阿亮说着，习惯性地拍打身上，却发现身上一点儿灰都没有，他这才反应过来，那都是游戏效果。

"恭喜你们都顺利通过了挑战！"短发女老师走了过来并说道，"我们的科学课将在下周五下午3:30正式开始，上课地点是多媒体教室。我是你们三人的指导老师，你们可以叫我蒋老师。"她边说边发给他们一人一个小盒子，"这是本次通关成功的纪念品。"

三人打开盒子一看，里面竟然是一块小小的陨石！

"哇，这是真的陨石吗？太酷了！"甜甜边说边小心翼翼地捧着盒子，生怕摔坏了。

"蒋老师，咱们每次课都能拿到纪念品吗？""贪心"的阿亮边问边笑得眼睛眯成了一条缝。

小酷得到的陨石纪念品

小酷没说话，他小心翼翼地把盒子放进书包里，对这门科学课，他可是越来越期待了。

完成陨石猎人挑战后，甜甜和伙伴们又去了一趟天文馆。这次，他们特意在陨石展区多看了一会儿，甜甜还整理了陨石知识笔记。

认识陨石

星坠至地，则石也。

甜甜的笔记

太空的天体碎片坠向地球，与大气摩擦产生高温而燃烧发光，这种现象就是我们看到的流星。大多数碎片在到达地面前就完全烧蚀殆尽，而少数较大的岩石因剧烈燃烧显得格外明亮耀眼，这种现象被称为火流星。如果这些大块的岩石能够幸运地穿过大气层且未被完全烧毁，并最终落到地面上，这就是我们所说的陨石。

在上海天文馆的家园展厅，陈列着很多来自世界各地的陨石样本，大小不一，形态各异。它们虽都是在地球上被发现的，但它们故乡其实遍布整个太阳系。

按材质来分，陨石可分为石陨石、铁陨石和石铁陨石。

石陨石又分为球粒陨石和无球粒陨石。

球粒陨石因具有球粒结构而得名，它含有微米至毫米大小的球状结构。在太阳系形成的早期（45亿年前），那时太阳的核反应刚刚开始，各个行星及其卫星尚未形成，太阳的周围围绕着一圈尘埃组成的物质。在强烈辐射的持续炙烤下，这些尘埃逐渐熔融，形成黏黏的谷粒大小的颗粒，最终冷却凝固为固态的球粒。这些球粒又和其他尘埃、矿物、碎片黏结在一起，成为原始球粒陨石。通过研究球粒陨石，我们可以了解太阳诞生后、行星形成之前这段时间里发生的事情。

表2-1 不同陨石中的铁镍金属含量

陨石	陨石中的铁镍金属含量
石陨石	<30%
铁陨石	30%~65%
石铁陨石	>95%

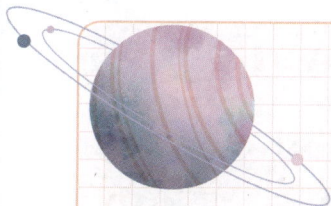

无球粒陨石是由岩浆结晶形成的，是一种不含球粒结构的石陨石，它的形成时代比球粒陨石晚，其在成分上呈现出更丰富的多样性。

铁陨石也叫陨铁，指以铁镍金属为主要成分的陨石。在被发现的陨石中，铁陨石的数量占了一半多，因为铁陨石比较坚硬且不易碎裂，易于保存，不像石陨石那样容易被风化。铁陨石比一般岩石重，可以被磁铁吸引。如果将铁陨石剖开抛光，用硝酸清洗抛光面，剖面会呈现一种特有的交错的条形花纹，科学家称之为维斯台登纹。

维斯台登纹

石铁陨石比较罕见，占陨石数量的2%~4%。下图是一块橄榄陨铁切片，它属于石铁陨石。晶莹的橄榄陨石嵌在铁质陨石中，璀璨耀眼。

一块落到地球上的陨石，跟地球上原来的岩石相比有什么不同呢？

橄榄陨铁切片

用肉眼看，陨石有一个重要的特征——熔壳，它是一层深色的厚度约1毫米的玻璃壳。天体碎片在从天而降的过程中，与大气摩擦发生剧烈燃烧，其表面熔融后并快速冷却，形成一层薄薄的玻璃质，它与陨石内部截然

不同，这层外壳叫熔壳。熔壳表面有大大小小的浅坑，叫作气印，是陨石下落过程中气流冲击留下的印记，人们形象地称它为"大气的拇指印"。因为陨石的熔壳很薄，所以熔壳往往还伴有一些裂纹。

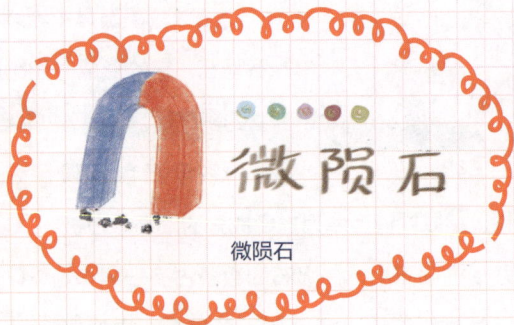

微陨石

微陨石

铁陨石、石铁陨石含有能被磁铁吸引的铁镍金属，人们利用这个特点，可以寻找铁陨石和石铁陨石。小酷和阿亮用水管和磁铁从屋顶积灰中搜集到的就是含有铁镍金属的陨石，只是它非常小。这类迷你陨石也叫微陨石，有科学家专门研究它们。

每年坠落到地球的陨石有相当大一部分是灰尘大小的宇宙尘埃。它们有的在与大气作用时被部分或完全熔融，形成漂亮的球状，内部结构和成分也发生了改变，这种一般称为熔融型微陨石。还有一些被称作未熔融型微陨石，它们保留了初始状态的信息，科学家们可以通过它们研究太阳系的演化历史，因此它们最受科学家们的青睐。

陨石

粗辨陨石

甜甜的笔记

坠落到地球的陨石总量很多，但是能被搜集到的只占其中很小一部分。绝大多数陨石落入大海、荒漠、森林，很难被发现。幸运的是，南极和沙漠因为各自独特的气候和地理条件，在这两个地方找到陨石相对比较容易。而在这两个地方发现的陨石也因其发现地而命名，分别称为南极陨石和沙漠陨石。

寻找陨石

沙漠气候干燥，适合陨石的长期保存。沙漠植被稀少，大风吹走了细小的沙粒，陨石就会暴露出来，不容易被掩盖。黑色的陨石在沙漠灰黄的背景下，容易被发现。南极和沙漠都具有干燥的保存条件，强烈的环境色彩反差，使其容易被发现。但是沙漠不具备南极特有的陨石富集机制。相比南极，沙漠陨石分布非常分散，加上恶劣的生存条件，寻找沙漠陨石相当不易。即便如此，沙漠还是吸引了不少陨石猎人前去寻宝。陨石交易市场上流通的陨石多以沙漠陨石为主，但因流通过程中保存不当导致样本被污染、具体发现地难以追溯等，使其科研价值有限，所以它们更受私人收藏市场的青睐。

南极大片古老的蓝色冰盖是寻找陨石绝佳的地方。南极年平均降水量约50毫米，降水很少，这种寒冷干燥的气候条件适合陨石的长期保存。在南极，黑色的陨石在蓝色冰盖上非常醒目，容易被发现。

自冰盖形成以来，坠落的陨石就静静地躺在那里，封存在冰川之中。更难得的是，南极中间高四周低的特别地势，使得冰川向低处流动，遇到山体等阻碍，夹杂其中的陨石就堆积起来。南极的风吹走了表层的冰（也就是冰升华了），长期积累，陨石就富集于此。这是南极特有的陨石富集机制。

《南极条约》规定，南极洲所有的资源属于全人类，不能买卖，只能用于科学研究，南极陨石也不例外。

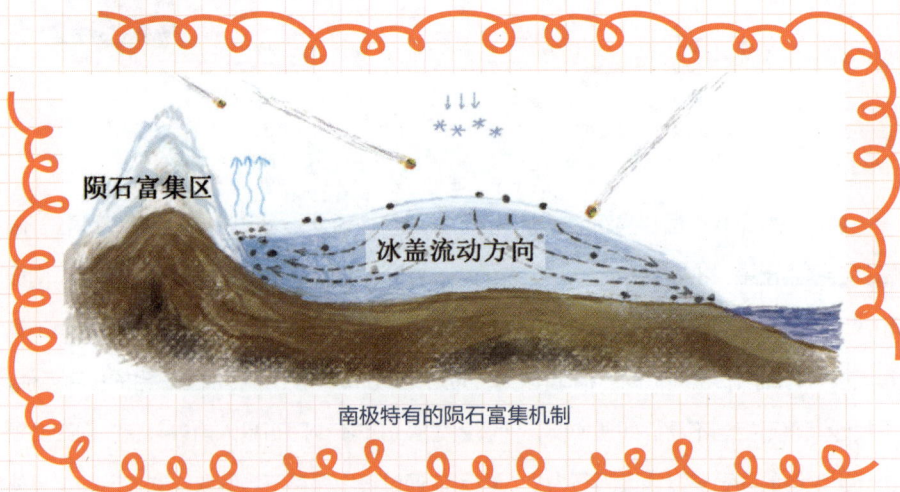

南极特有的陨石富集机制

Chapter 03
第三章
寻宝之旅：伟大的发明

03

　　盼星星盼月亮，小酷终于等到了墨子沙龙周五第一堂正式的科学课。蒋老师和其他几位老师已经在多媒体教室等候大家了。课前，甜甜问蒋老师有没有教材，蒋老师笑着摇了摇头。

　　"墨子沙龙这门科学课的特色是在游戏化场景中学习科学知识。不过游戏可不是那么好通关的，你们要注意那些隐秘的线索和提示。"说完她就督促大家戴好设备，"课程时间是60分钟，你们有30分钟用来玩游戏，还有30分钟和老师进行讨论。这个任务今天做不完也没关系，下周还有一次机会。对了，以后你们三人都会以小组的形式完成任务，可以考虑下起个酷炫的队名。"

　　小酷、甜甜和阿亮兴奋地击掌，他们早就想一起上课了。不过直到游戏开始，三人也没就队名达成一致。

　　"年轻的探险家们，你们今天的任务是寻找三样宝物。"今天的系统音带着几分译制片的腔调讲道，"文艺复兴时期的欧洲，宗教与科学交织发展，出现了数不胜数的天才。请仔细倾听我们给出的线索，找到这三样宝物，去重现一位科学伟人的发明，开创新的科学时代吧！"

　　接着，小酷他们听到了玻璃破碎的声音、隆隆的炮声和圣洁的教堂音乐声。随后场景切换，他们从黑暗中慢慢睁开了眼睛，而眼前的一切让他们惊呆了。

　　他们三人正飘浮在空中，向下望去，在一大片绿色和黄色的土地中央是一座小小的欧洲城市。当他们继续下落，越来越靠近地面时，他们看到了静静流淌的护城河水，整齐划一的街道，还感受到了拂过脸庞的微风——阿亮真希望时间能就此停止。直到他们落在一片草坪上，听到城中教堂的钟声响起，才想起了此行的目的。

现代的帕多瓦，依稀可见古城风貌

"这个地方好漂亮啊，是欧洲的城市吗？"甜甜问道，她的眼睛都不够用了，她太喜欢这种充满历史气息的古城了。

"这难道是……帕多瓦？前年暑假，爸爸妈妈带我来过这儿。"阿亮说道。他每年暑假都要出国旅行，前年他跟着爸妈在意大利威尼斯和附近的城市转了一圈，帕多瓦这座看似低调却又充满华丽的意大利北部城市给他留下了深刻的印象。

"不过，好像和我当时旅行的帕多瓦又不太一样……"阿亮摸着脑袋说道，眼前的人们穿着漂亮的古代服装，有些人还坐着四轮双驾马车，马车与人共享道路。街道上也没有自行车、电灯、电线杆、垃圾桶等现代痕迹。

"因为现在是古代吧。"小酷说，"帕多瓦，这个名字我好像在哪儿听到过。"

"要不咱们先走走看，咱们的目标是什么来着？"阿亮说道，他急着进城，想看看这座"熟悉"的城市和两年前见到的有什么不同。

"寻找三样宝物，文艺复兴时期的欧洲，仔细倾听给出的线索，重现一位科学伟人的发明，开创新的科学时代。"甜甜回答，不愧是学霸甜甜，重点线索都记下来了。

"对了，你们刚才下落的时候有没有听到一些奇怪的声音？我好像听到了炮声。"小酷说。

"对，我也听到了，好像还有什么东西打碎的声音，还有一小段音乐。"阿亮连忙补充道。

"嗯，是三种声音，难道对应的是三样宝物？这肯定是一个重要线索。"甜甜说。

"要不我们去市中心看看吧，我记得百科全书上说，欧洲很多城市的中心都有一个广场，那里是最热闹的，说不定能找到更多线索。阿亮，你来带路？"小酷说着眼珠一转，很快制订了游戏方案。

"没问题，各位尊贵的游客，请跟我来！"阿亮诙谐地扮演起了导游角色并说道，甜甜和小酷也假装悠闲的游客，"腆着肚子"、倒背着手跟在阿亮后面。三秒不到，他们就装不下去了，哈哈大笑起来。三人在古老的帕多瓦街道中愉快地跳着走着，在游戏中享受着难得的轻松。

15世纪的帕多瓦拥有许多漂亮的公共建筑物，甜甜喜欢西方艺术史，要不是小酷和阿亮拉着她，她恨不能每间房子都走进去看看。

"咱们只有30分钟的游戏时间，所以还是抓紧解谜吧。"小酷对着甜甜说。

"哼，我只是想检查一下墨子沙龙的游戏做得细致不细致。"甜甜嘟着嘴说道。

"哎，你们听，这是什么声音？"阿亮忽然提醒大家，大家听见不远处一间教堂里传来乐器演奏的声音，旋律有点儿耳熟，这正是他们之前听到的那段音乐！

帕多瓦的教堂

"是教堂的管风琴！"甜甜很快反应过来，说完便冲进教堂，小酷、阿亮也追了过去。教堂的墙上镶嵌着一架十几米高的管风琴，一个人正在演奏。甜甜观察片刻，走向离自己最近的音管，伸手轻轻点了一下。

"获得道具，风琴管。"系统不带感情的声音响起。

"耶！"在肃穆的教堂中，三人不敢大声喧哗，只好小声地庆祝，走出教堂了才敢大声说话。

获得道具风琴管

"看来那三个声音的确是线索，另外两个声音是炮声和什么破碎的声音，咱们先去找炮弹？"甜甜乘胜追击地说道。

"嗯，好！我记得爸爸带我参观过古代帕多瓦的弹药厂，咱们去那里看看吧。"阿亮自告奋勇地带路。

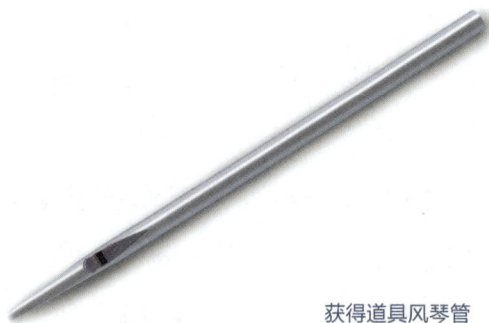

从左到右，分别是霰弹、榴弹和实心炮弹

帕多瓦的街道错综复杂，一般人都会绕来绕去走些冤枉路。但对阿亮来说，这相当于一次旧地重游，所有走过的路他都记在心里。很快，他们就来到了弹药厂。

弹药厂有三种不同的炮弹，分别是封在圆筒里的霰弹、内部填充着火药的榴弹和实心的铁球，即实心炮弹。三人看着这三种炮弹，不知道该选哪种。正在头疼的时候，甜甜注意到了一位老奶奶——她一手拿着菜篮，一手拿着一张购物清单在炮弹前喃喃自语——她和他们三个一样，都属于不该出现在弹药厂的角色。

"给文森佐（即伽利略的儿子）的鞋子和帽子、白扁豆、鹰嘴豆、大米、葡萄干……炮弹球、锡制管风琴管……哦！天呐，为什么要让我买这么多东西？"老奶奶边念叨着边颤颤巍巍地走着，看上去下一秒就会摔倒。

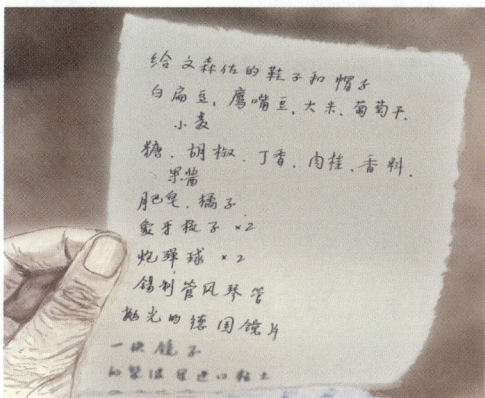

伽利略的购物清单

"老奶奶，我来帮您提篮子。"甜甜说完，便从老奶奶手中接过篮子，还真重。

"哦，谢谢你，好心的小姑娘，我还得赶紧去玻璃厂帮伽利略先生取他定好的镜片呢，真搞不懂他弄这些东西做什么。"老太太念叨个不停。

"啊，太巧了，我们也要去玻璃厂，我们陪您一起去吧！"甜甜继续搭话。不过她并没有马上跟过去，而是转向三种炮弹，在实心炮弹上方点了一下，然后快走几步，跟上老奶奶。

"获得道具，实心炮弹。"系统音响起。

"哇，甜甜，你真神了！你怎么知道是实心炮弹？"阿亮说道，他对甜甜佩服得五体投地。两个男生也三步并作两步，追了上去。

"看，老奶奶篮子里也是实心炮弹。"甜甜说着，随手把篮子丢给小酷，小酷龇牙咧嘴地对阿亮说，"快来帮忙！"阿亮连忙和他一起拎起了篮子。

"为什么在游戏里，这篮子也这么沉啊！"两个男孩哀嚎道。

"老奶奶，您说的伽利略先生，是文艺复兴时期那位伟大的科学家、发明家伽利略·伽利雷吗？"甜甜不忘从NPC（非玩家角色）那儿发掘线索。

"什么科学家、发明家，他只不过是一位大学的数学教授罢了。"老奶奶显然对这位先生评价不高，"不过他最近确实从总督那里得到了一个重要的任务，所以才让我帮他采购。"

"重要的任务，难道是……"

"制造望远镜！"小酷和甜甜异口同声地说，阿亮被俩人吓了一跳。小酷不好意思地摸摸头，见甜甜没接话的意思，他便滔滔不绝地说了起来。

"虽然在现代人的眼中，伽利略是一位伟大的科学家、发明家，出身于历史悠久的大家族，其实到他父亲那一代，家族就没落了。伽利略的父亲是一位音乐家和数学家，他希望自己的儿子可以学医，因为学医收入丰厚。可是伽利略对数学情有独钟，即使知道当数学教授薪水微薄，他还是选择了数学作为自己的专业。在他发明可用于科学观测的望远镜之前，他只是一位收入微薄的数学教授，靠着发明各种工具和给贵族做家教，才勉强能够赡养母亲、接济弟弟妹妹和抚育三个子女。"

"天啊，伽利略的家庭负担真重啊！"阿亮感叹道。

"荷兰的磨镜技师汉斯·李普希受孩子们的启发，发现两片透镜按特定距离叠放可以看清远处的景物，由此发明制造出望远镜。"小酷接着介绍，"不过早期的望远镜放大倍数并不高。伽利略在理论和实践方面都很擅长，他发现了望远镜在贸易和军事上的用途，决心改进设计，提高望远镜的放大倍数。经过多次尝试，他很快将望远镜的放大倍数提高到了20倍，并将改进后的望远镜献给了威尼斯的总督和元老院。他也因此被任命为托斯卡纳大公的首席数学家和哲学家，薪资待遇也大大提高了。最重要的是，伽利略是第一个用望远镜观测星体的人，天文学也因此获得了迅速的发展。"

"所以系统说这个伟大的发明开创了新的科学时代。"甜甜若有所思地说。

"怪不得我刚才感觉帕多瓦这个名字有点熟悉，伽利略现在正在帕多瓦大学教书呢。"小酷想起来了，并说道。

"那我们现在去帕多瓦大学是不是能见到伽利略？"甜甜兴奋地说。

老奶奶没理会小酷他们的讨论，带他们到了玻璃厂拿到镜片后，她就消失在游戏中了。

风琴管、实心炮弹和镜片，这三样"宝物"已集齐了。

接着，系统给出了下一步指示，磨镜片。

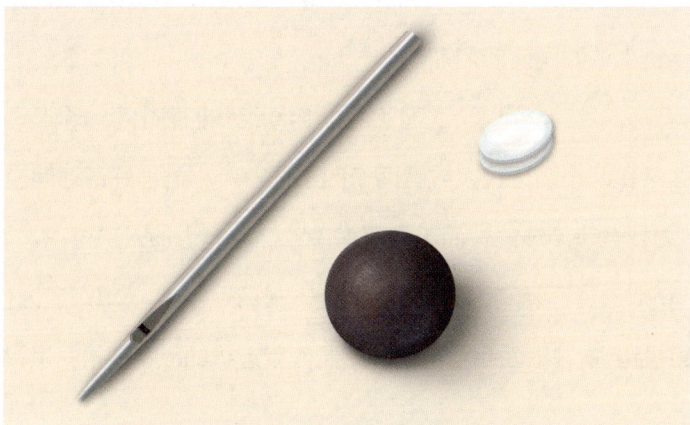

集齐三样宝物：风琴管、实心炮弹和镜片

"接下来该我出手了！"阿亮兴奋地摩擦着双手说。作为三人里面动手能力最强的一个，他一直等待机会大展身手，"磨镜片的任务就交给我吧！"

玻璃厂里摆着一台转盘机械装置，像陶艺用的拉坯车，脚踩踏板，圆盘就会快速地转起来。阿亮将实心炮弹放在转盘中心，不等他踩动踏板，转盘就带动实心炮弹自动转了起来；他又取出镜片，小心翼翼地靠近转动的实心炮弹，利用旋转的实心炮弹打磨镜片，镜片刚碰到实心炮弹，实心炮弹反而转得更快了，非常不合常理。几秒后，他们得到了一个凸透镜和一个凹透镜。

"啊？就这样？"阿亮泄气地说，"好吧，我都忘了这是游戏了。"小酷拍拍阿亮的肩膀表示安慰。

"不过如果真的用手工磨镜片，磨到天黑咱们也没法通关啊。"甜甜也安慰道。

译制片腔调的声音响起："得到了道具，伽利略的望远镜，游戏通关。"

摘下VR眼镜的时候，三人显然意犹未尽。"啊，我还没去帕多瓦大学看伽利略呢……"甜甜说完看向蒋老师，蒋老师也看着他们，面带微笑。

"蒋老师，我们真的玩了半小时吗？我怎么觉得只有十分钟？"阿亮向老师撒娇道。

"看看时间，你们确实玩了半小时哦。"蒋老师显然不是第一次遇到这种情况，边说边指着手机上的时间向他们证明。

"不过蒋老师，我有个问题，为什么系统自动给我们磨出了一个凸透镜，一个凹透镜？为什么不是两个凸透镜，或者两个凹透镜？"小酷很好奇地问道。

"对啊，为什么是用透镜，而不是反射镜？"阿亮也加入了讨论。

"看来，获得道具已经满足不了你们的好奇心了，你们还想知道为什么。"蒋老师边打开计算机边说，"下面我就从伽利略制作望远镜的故事开始，讲讲望远镜的原理和发展吧。"

蒋老师的光学小课堂

3.1 望远镜的原理

谁是最早发明望远镜的人，说法不一。有一种说法是，荷兰磨镜技师汉斯·李普希的孩子们在玩镜片时无意发现两片透镜按特定距离叠放可以看清远处的景物。李普希受此启发，制成了望远镜的雏形。决定望远镜性能的因素是镜片的质量，在当时，无论是玻璃本身品质还是磨制技术都不是很好，李普希通过缩小望远镜的口径，只利用物镜中曲率品质最高的中心部分来成像，获得了还算不错的效果。总的来说，早期的望远镜放大倍数并不高，更像一个玩具。

3.1.1 折射式望远镜

伽利略在理论和实践方面都很擅长，他发现了望远镜在贸易和军事上的用途，决心改进设计，提高望远镜的放大倍数。

伽利略采用的是物镜凸透镜、目镜凹透镜的组合，后来这种"一凹一凸"组合的望远镜被称为"伽利略望远镜"。

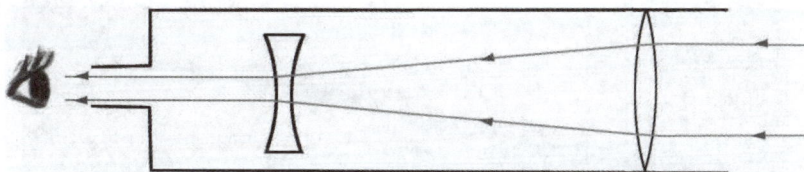

伽利略望远镜光路图

经过多次尝试，伽利略还发现，望远镜的放大倍数取决于物镜和目镜的焦距之比，这样一来，他就知道了需要长焦距的凸透镜和短焦距的凹透镜。然而，当时手工艺人制造的镜片精度不足，无法满足需求，于是他便自学镜片研磨与抛光技术，自己采购材料，亲手制作符合要求的镜片。

几个星期后，伽利略做出了放大率为8、9倍的望远镜。他在一封信中记录道："这件仪器的效果相当于把50英里（1英里=1.61千米）远的物体，呈现得就像只有大约5英里。"

几个月后，伽利略又做出了放大率为20倍的望远镜，这已不再是贵族手中的玩具，而是人类历史上第一台真正意义上的天文望远镜。他用这台望远镜观测天空，突破了人类裸眼观星的局限，从此天文望远镜成为天文观测不可或缺的工具。

后来，约翰尼斯·开普勒对望远镜进行了一些改进，他将望远镜的物镜、目镜均改为凸透镜，这种组合形式的望远镜被称为"开普勒望远镜"。

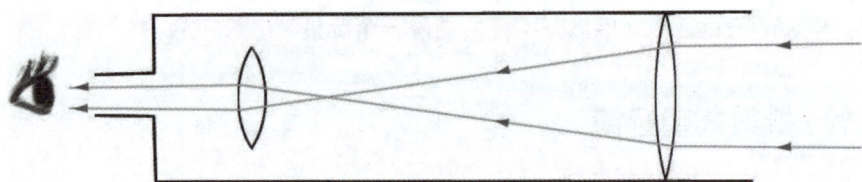

开普勒望远镜光路图

如今，望远镜已发展出多种形态和功能，与当年伽利略望远镜早已不可同日而语。在佛罗伦萨伽利略博物馆，至今仍保存着两架伽利略亲手制作的望远镜。

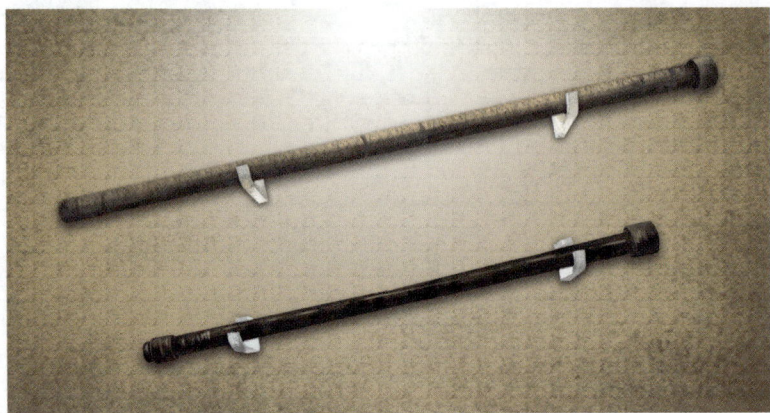

收藏在佛罗伦萨伽利略博物馆的两架伽利略亲手制作的望远镜

无论是伽利略望远镜还是开普勒望远镜，它们都是**折射式望远镜**，利用光的折射性质成像。

为了追求更高的放大倍数，看得更远，望远镜被做得越来越长。伽利略望远镜曾经被盛赞为"天空的权杖"，随着伸向天空的"权杖"变得越来越长——到后来镜筒长达四五十米——折射式望远镜的成像缺点也越来越明显。光线透过透镜折射会产生彩色条纹，这种现象被称为色差。望远镜的镜筒越长，色差的影响也就越大。

为了消除讨厌的彩色条纹，人们想了很多办法，艾萨克·牛顿也在其中，他尝试磨制各种各样的非球面透镜，均以失败而告终。最终，他抛弃了单纯的透镜组合，提出了天才般的设想，用"面镜"代替透镜来制造望远镜，因为"反射"的光线不会穿过"面镜"本身，不会引起色差。

3.1.2　牛顿制作的反射式望远镜

1668年，牛顿制成了用金属凹面镜替代凸透镜作为物镜的反射式望远镜。这台望远镜只有6英寸（1英寸=0.0254米）长，主镜是一块金属凹（球）面反射镜，在主镜的焦点前面放置一个与主镜成45度角的平面反射镜，将主镜反射后的汇聚光以90度反射出镜筒后，到达目镜。

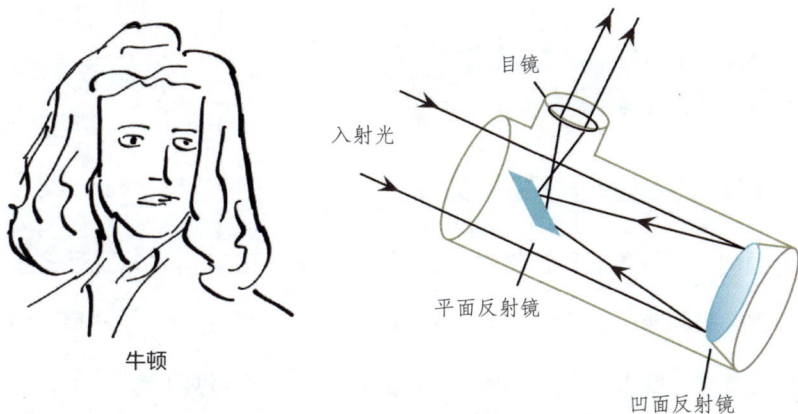

目镜
入射光
平面反射镜
凹面反射镜
牛顿

牛顿肖像（王一绘制）及牛顿制作的反射式望远镜光路图

牛顿制作的反射式望远镜获得了成功，它不会引起色差，镜筒长度只有6英寸，却可以放大40倍。即便如此，在当时，反射式望远镜还是比不过折射式望远镜，受到凹（球）面反射镜反射率低、变形等限制，反射式望远镜的成像质量很不理想。不过，反射式望远镜的成像原理有着先天的优势，它不会引起色差，当反射镜的制造工艺成熟后，反射式望远镜必然绽放异彩。现代大型的科研天文望远镜，几乎都是反射式望远镜。折射式望远镜和反射式望远镜性能对比如表3-1所示。

表3-1　折射式望远镜和反射式望远镜性能对比

折射式望远镜	反射式望远镜
有色差	无色差
受工艺影响，不容易获得大口径透镜，成本高	较容易获得大口径反射镜片，成本低
镜筒长，重心高，支架不稳定	镜筒短，重心低，支架更稳定
封闭式镜筒，保护透镜，避免空气对流	开放式镜筒，反射镜表面容易被污染，空气对流使得成像不稳定
做好后不用再调整光轴	要经常调整光轴
不受景物高低限制	不适合观察地景
利用不同透镜组合消除球差、彗差	不使用抛物面镜时有球面像差（简称球差），不能将影像聚焦在一个点上；使用抛物面镜时有彗差，类似彗星形状的光斑

3.2　望远镜的发展

3.2.1　赫歇尔建造40英尺大炮望远镜

自牛顿制作了反射式望远镜以后的很长一段时间里，折射式望远镜依然占据着天文观测的主导地位，直到威廉·赫歇尔的出现，才真正让反射式望远镜绽放异彩。在望远镜的发展历史中，威廉·赫歇尔的名字必将永远闪耀。

赫歇尔出身音乐世家，本职工作是音乐演奏和教学，天文观测只是他的一项爱好，但他为此投入了极大的热情和精力，并取得了辉煌的成就。他发现了天王星，并对大量恒星进行了观测和整理，因此被誉为"恒星天文学之父"。他制作的望远镜代表了当时最先进的水平，其中最大的一台望远镜，口径约1.2米，镜筒约有12米长（40英尺），比一般的房屋还要高，人们称它为"赫歇尔大炮望远镜"。它的物镜是一块反射镜，位于"大炮"（镜筒）的底端，焦距有40英尺，入射光被底端物镜反射到镜筒顶端开口下方的观测平台上。这座巨型望远镜的建造和运营只依靠赫歇尔的财力是无法实现的，它得到了英国国王的资助，该望远镜从1785年秋天开始建造，于1789年春天竣工并投入观测，是当时世界上最大的天文望远镜。这一纪录直到1845年，英国的威廉·帕森思制成口径1.83米、镜筒长17米的反射式望远镜才被打破。

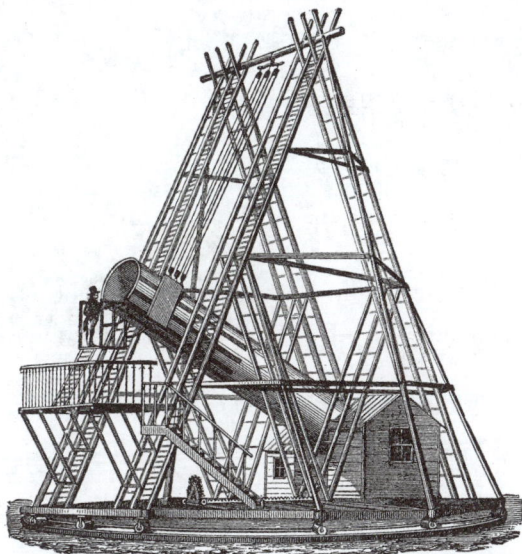

赫歇尔组织建造的约12米长的反射式望远镜

在威廉·赫歇尔的影响下，赫歇尔家族创造了天文学史上的传奇。威廉·赫歇尔的妹妹卡洛琳不仅是他的得力助手，而且卡洛琳制造的望远镜效果比她哥哥的还要好，她还独立发现了多颗彗星和星云；威廉·赫歇尔的儿子约翰编制了南天双星和星云表，对哈雷彗星的回归进行了跟踪观测，还发明了感光摄影技术。

3.2.2　功勋卓著的胡克100英寸望远镜

1917年，威尔逊山天文台建成一台口径为100英寸（2.54米）的反射式望远镜，它以赞助商胡克的名字命名。在此后的30年间，它一直是世界上最大的望远镜（1948年，这一纪录被海尔望远镜打破）。

1919年，阿尔伯特·迈克尔逊（迈克尔逊干涉仪的发明者，和莫雷一起做实验证明光速在不同方向上都是相同的）在胡克望远镜上加装了干涉仪，首次实现了对恒星直径和密近双星（靠得很近的两颗恒星）间距的精确测量。

1923—1929年，埃德温·哈勃用胡克望远镜发现了河外星系，还观测到了星系红移现象。

亨利·诺里斯·罗素利用胡克望远镜的观测数据，建立了恒星光谱分类体系。他和赫茨普龙共同创制了用于研究恒星演化的"赫罗图"。

1986年起，胡克望远镜停用了几年。1992年，胡克望远镜在安装了自

胡克望远镜

适应系统后重新启用，此后几年，又成为世界上分辨率最高的望远镜之一。现在胡克望远镜所在地成为科学旅游胜地，公众除了可以了解望远镜和其使用者的光辉历史，还能在胡克望远镜的原始穹顶下欣赏现场音乐会。

3.2.3　空间望远镜

到现在为止，我们所提到的天文望远镜都还在地面上。地球外面包裹着一层厚

厚的大气，它对地表生命具有重要保护作用，但其存在对天文观测有着显著影响。我们都知道少云晴朗的夜晚更适合观测星空。所以，航天技术发展到一定阶段后，人们就把望远镜发送到了太空，让其在地球大气层以外观测星空。这种在地球大气层外进行观测的望远镜就叫空间望远镜，也叫太空望远镜。

空间望远镜有很多地面望远镜没有的优势，具体如下。

（1）不受大气湍流的影响，成像更清晰。

（2）不受到地面各种人工光源的干扰。

（3）可以探测到可见光、微波、无线电波频率范围以外的电磁信号，比如X射线。可见光和无线电波可以穿过大气层被地面探测到，而波长更短的X射线等会被大气层阻断，在地球表面探测到外太空的X射线几乎是不可能的。

最有名的空间望远镜是哈勃空间望远镜。它长约13.2米，直径约4.2米，大小近似一辆旅游大巴，在距离地面545千米左右的轨道上飞行，时速2.8万千米，大约每95分钟绕地球一周。全球科学家对它的使用需求非常高，利用该望远镜昼夜不停地进行观测。它通过太阳能板吸收太阳光能，并将其转化为电能，为望远镜运行提供动力。从1990年4月发射升空到现在仍在工作。如果望远镜有人设，哈勃

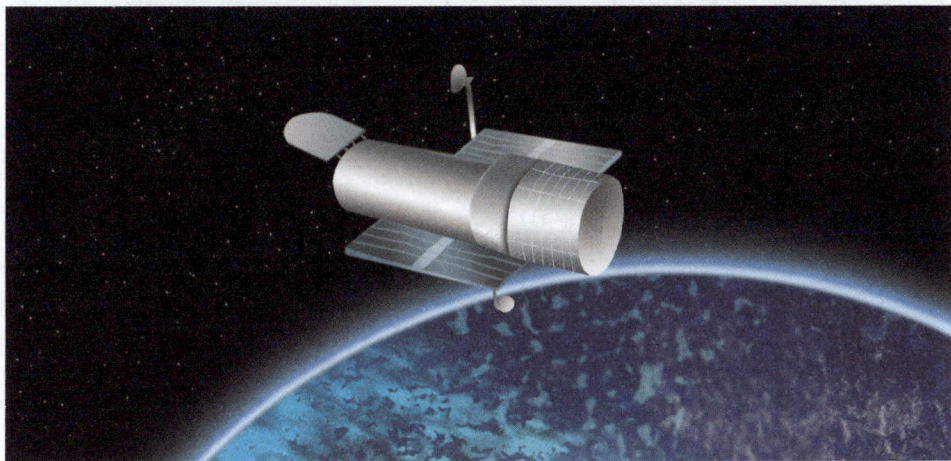

从太空中看哈勃空间望远镜，其下方是地球

空间望远镜就是个十足的"工作狂"。当然，它能保持如此优秀的工作状态，离不开工程师们的精心维护。哈勃空间望远镜的维修历程与其传回的科学影像一样震撼人心。

从1996年起，NASA（美国国家航空航天局）便着手打造比哈勃空间望远镜更强大的空间望远镜，它就是詹姆斯·韦布空间望远镜。不过因种种原因，韦布空间望远镜的发射日期一再推迟，从2007年一直推迟到了2021年，终于在2021年12月25日发射。

组装中的韦布空间望远镜

韦布空间望远镜被称为继哈勃空间望远镜之后的下一代空间望远镜，也有说它将接替已经服役30多年的哈勃空间望远镜，但是，韦布空间望远镜的观测任务跟哈勃空间望远镜的观测任务并不相同。哈勃空间望远镜的主要工作波段是在可见光范围，而韦布空间望远镜主要探测红外线，为此它的主反射镜被镀上了黄金，因为金是反射红外线性能最佳的材料。韦布空间望远镜肩负探寻宇宙边界和寻找大爆炸初期残留在宇宙边缘红外线的重要任务。因为宇宙在膨胀，第一代恒星的光传到我们这里，也变成了红外线，而哈勃空间望远镜的主要探测范围是可见光，它探测不到红外线。所以，要探索宇宙初期事件的遗迹，需要一台工作在红外线波段的超强空间望远镜。

韦布空间望远镜的超强之处体现在哪里呢？它的主反射镜最大直径有6.5米（哈勃空间望远镜反射镜直径约4.2米）；为了避开太阳的干扰（太阳也会发射大量的红外线），它被发射到第二拉格朗日点，地球位于它和太阳之间，它与地球同步绕太阳运行，最大程度地避免了热度变化的干扰。它还配备了巨大的"遮阳伞"——太阳盾——用来阻隔来自太阳和地球的红外辐射污染。太阳盾的面积达到300平方米，相当于一个网球场的面积，并且有足足5层。在强大的太阳盾保护下，正面和背面的温差有300摄氏度，望远镜的工作温度将维持在零下230摄氏度左右。

它所处的第二拉格朗日点离地球距离大约是月球到地球距离的4倍，目前人类还无法亲自前往，所以它必须保证万无一失，一次成功，这也是它多次推迟发射的原因之一。

3.2.4 看见"不可见光"

光是一种电磁波，我们肉眼可以看见的可见光只是电磁波谱中很小的一部分，除此之外，还有无线电波、微波、红外线、紫外线、X射线和伽马射线。科技发展到今天，不同种类的望远镜已经能够对不同波段的电磁波进行探测，除了传统的探测可见光的光学望远镜，还出现了红外线望远镜、X射线望远镜、伽马射线望远镜，以及观测微波和无线电波的射电望远镜。

地球大气层会阻拦绝大多数的红外线、紫外线、X射线、伽马射线，所以，探测这些波段的望远镜需要在地球大气层之外工作，如空间望远镜；除了可见光，无线电波也能够穿过大气层，所以，射电望远镜可以建立在地球表面上。

1931年，贝尔实验室的无线电工程师卡尔·央斯基在检测无线电通信噪声干扰时，无意中探测到来自银河系中心的无线电信号，由此开创了射电天文学。央斯基建造的射电天线长30米、高6米，可以360度旋转，这可以看作最早的射电望远镜。与光学望远镜不同，射电望远镜主要由天线和接收系统两大部分组成，天线负责接收微波和无线电波，接收系统负责将无线电波信号放大并记录下来。

目前，全球口径最大的单体射电望远镜是位于我国贵州的"中国天眼"。"中国天眼"（FAST）全称"500米口径球面射电望远镜"。这口"大锅"被巧妙安置在贵州省黔南大窝凼地区，这里是一个典型的喀斯特岩溶洼地，天然的球状洼地减少了挖土工程量，喀斯特地区洞穴系统发达，地下河流密布，不用担心"大锅"会积水。"中国天眼"首创可变形反射面，2000多个液压装置协同运动，可以实现球反射面和抛物反射面的转换。

"中国天眼"

"中国天眼"具有五大核心科学目标，具体如下。

（1）巡视宇宙中的中性氢，有助于研究宇宙的起源和演化。

（2）观测脉冲星，有助于研究恒星演化（脉冲星，一种快速自转的中子星，是恒星能源消耗完以后形成的）。

（3）主导国际甚长基线干涉测量（VLBI）网络观测。

（4）探测星际分子，与研究宇宙的组成、生命的起源有关。

（5）搜寻星际通信信号，寻找外星文明。

射电望远镜接收无线电波，将其转化为电流进行记录和分析。如果要接收来自更远天体的无线电波信号，势必需

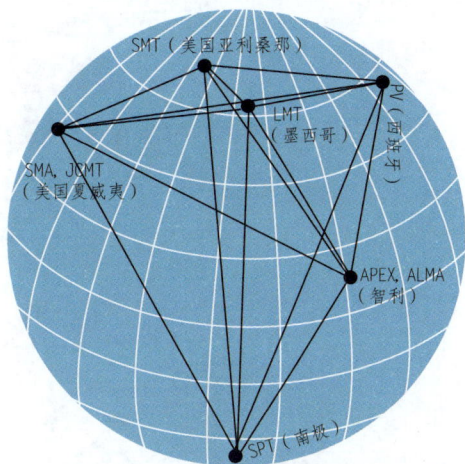

由8个射电望远镜阵列组成的事件视界望远镜，简称EHT

要更加强大的天线。有一种得到更大口径的方法，就是全球合作。2017年全球30多家研究所利用分布于全球不同地区的8个射电望远镜阵列，组成一个虚拟的望远镜网络（事件视界望远镜，简称EHT），它的有效口径相当于地球直径大小。2019年发布的第一张黑洞"照片"就是用EHT"拍摄"的。

放学的乐曲声响起，要在半小时内展示望远镜的几百年发展历程，时间确实很紧张。蒋老师不得不匆匆跳过EHT拍摄黑洞的内容，为这一课进行一个简短的小结："人类对宇宙的探索从未停止，1609年，伽利略将天文望远镜指向星空，人类的视野便通过望远镜到达了宇宙深处。"

钱德拉X射线天文台
（1999年）

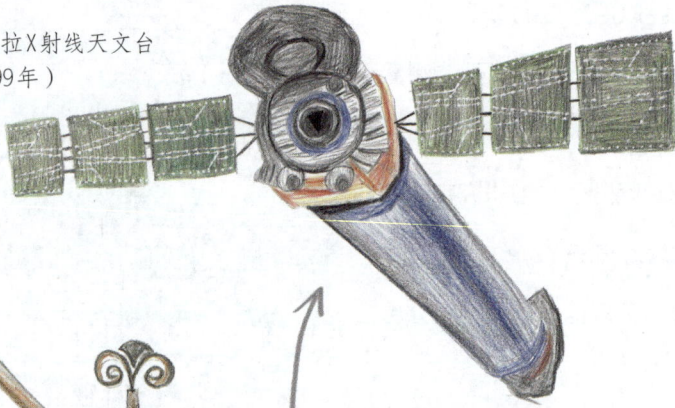

X射线望远镜

多波段
望远镜

伽利略制作的望远镜
（1609年）

光学望远镜

胡克望远镜（1917年）

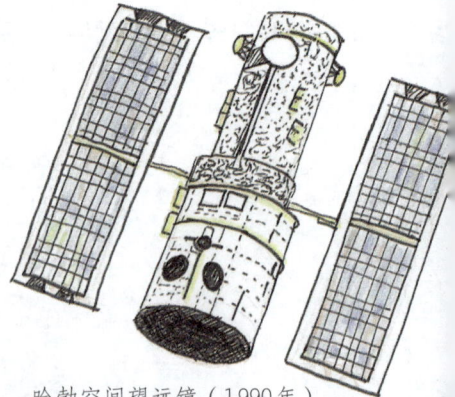

哈勃空间望远镜（1990年）

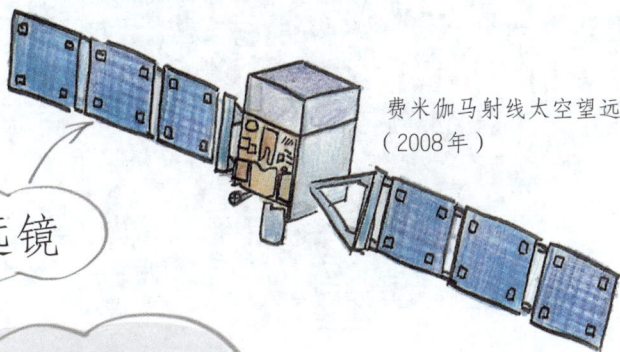

费米伽马射线太空望远镜
（2008年）

伽马射线望远镜

射电望远镜

"中国天眼"（2016年）

红外线望远镜

韦布空间望远镜（2021年）

51

第四章
遇见伽利略：四个"月亮"

04

星期五，下午3点25分，距离上课时间还有5分钟。

"对了，你们想好队名了吗？"一走进多媒体教室，小酷就忍不住问阿亮和甜甜。

"没想法……"甜甜边摇头边说。

"小酷，你点子多，你想个队名呗。"阿亮说。

"嗯……上节课蒋老师说，这门课是让我们自己去探索的，游戏里也总是叫我们探险家，要不，我们就叫探索者小队吧。"小酷提议道。

"我觉得可以。"甜甜点头道。

"同意！"阿亮也说道。

"嗨，同学们，你们好。"蒋老师今天身着一身颜色鲜亮的休闲运动装，显得既时尚又充满活力。

"蒋老师今天好漂亮！"阿亮称赞道。论情商，阿亮绝对是三人里最高的，甜甜和小酷交换了个默契的眼神，表达了对阿亮的佩服。

"哈哈，谢谢罗亮同学的夸奖，老师好开心呀！"蒋老师边说边做了一个超级感动的表情，大家都笑了。

"蒋老师，我们今天要做什么，还会继续上节课的剧情吗？"阿亮想得到点线索，趁机问道。

"按说不该剧透，不过咱们都这么熟了，"蒋老师狡黠一笑，压低了声音说，"在进入佛罗伦萨开始主线游戏前，你们可以去1582年的比萨逛逛。"她眨了眨眼，帮助三人戴好VR眼镜，然后在计算机上操作了一下，开启了游戏。

"各位乘客，下午好，欢迎乘坐墨子沙龙时空穿越航班，请系好安全带，我们即将前往1610年的佛罗伦萨。"系统话音未落，"滴——滴——滴——"三声提示音响起。大家睁开眼睛，发现他们坐在一艘小小的飞船中。甜甜和小酷分别坐在驾驶位和副驾驶位，阿亮在第二排当乘客。

"天啊，这种飞翔的感觉还真是逼真啊，我的耳朵都有点儿闷了。"飞船飞得有点儿快，阿亮的耳朵有些受不了便说道。

"那我把速度调慢点。"虽然是第一次驾驶飞船，甜甜显然是个非常尽职的驾驶员，连忙根据"乘客"要求调整了速度，她在电子屏幕上寻找着功能按键并说道，"怎么更改目的地和时间呢？"

驾驶舱		探索者小队
1610 佛罗伦萨		

年代	地点
1582	比萨
1592	帕多瓦
1609	威尼斯
1610	**佛罗伦萨**
1633	罗马

游戏画面场景——飞船驾驶舱屏幕画面

"在这儿！"后排的阿亮眼疾手快，边说边按下了地图上的"比萨"和"1582"，这可把甜甜吓了一跳。不过飞船还是顺利地穿越了时空，稳稳地落在了比萨市区一片开阔的草地上。飞船舱门打开，三人出舱走到外面。他们看见了比萨大教堂、洗礼堂、比萨斜塔等建筑，这些建筑外观宏伟、风格独特，非常壮观。

"阿亮，你忽然伸手过来很危险啊，就不能先跟我讲一下嘛！"惊魂未定的甜甜忍不住对阿亮"咆哮"了起来，说完，她气呼呼地向前走去。

比萨大教堂和比萨斜塔

被甜甜这么一吼，阿亮的脸有点挂不住了，小酷叹了口气，拍了拍阿亮的肩膀说道："别在意，她就是被你吓了一跳，一会儿就好了。"

别看甜甜走得快，发完火她也有点后悔，更尴尬的是，直到走到比萨斜塔下面，她才发现自己完全不知道此行的目的。

"哎，比萨斜塔，这不是伽利略做铁球实验的地方吗？"小酷说道，为了缓和气氛，他主动挑起了话题。

"对哦，我们在语文课上不是学过'两个铁球同时着地'这篇课文嘛，讲的就是伽利略在铁塔上同时扔下10磅（1磅=0.454千克）和1磅的铁球，发现它们同时落地的故事。"阿亮也赶紧附和道。

"不过这个实验是伽利略的弟子维维亚尼披露的，在伽利略自己的著作和比萨的历史中都没有记载，所以后世猜测这个故事可能是杜撰的。"甜甜也不再绷着脸了说道。

"嗯，有可能。对了，蒋老师为什么强调是1582年的比萨呢？这一年发生了什么？"见甜甜开口了，阿亮赶紧搭话说道。

"伽利略1564年出生，1582年的他18岁，正在比萨大学读书吧。看，伽利略出生后就是在这里接受洗礼的，"小酷指着远处的洗礼堂说道，忽然比萨大教堂内响起了优美的歌声。

"咱们进去看看！"阿亮提议道，甜甜没有拒绝，点了点头。三人快步离开比萨斜塔，向比萨大教堂走去。

教堂里，深邃的长廊摆满了椅子，以便人们祷告。尽管知道这是游戏场景，小酷他们还是放慢了脚步，生怕打扰到这里的氛围。

当他们走到里面时，眼尖的阿亮发现了一个特别的年轻人。别人都在低头祷告，他却抬着头。三人顺着他的视线往上看，原来是穹顶上的铜制吊灯正在微微晃动，年轻人就这么一直盯着，直到吊灯停止摆动。

游戏画面场景——比萨大教堂穹顶上的铜制吊灯

"这人有问题吧！吊灯摆来摆去也能看这么久。"阿亮嘀咕道。

"你不是也盯着人家看了好久。"甜甜笑着说，看来她已经完全消气了。这时祷告也结束了，三人随着人流往外走。"蒋老师让我们来比萨干吗呀？在这儿都待半天了也没发生什么剧情。"阿亮嘟着嘴抱怨道。

"刚才那个人……总觉得在哪儿见过。"小酷冥思苦想并说道，"我记得伽利略就是在教堂看到吊灯随风摆动，受到启发发现了单摆的等时性。"

"那人是伽利略！"三人异口同声地说，赶紧四处张望寻找，哪儿还找得到伽利略的人影。因为游戏时间有限，三人不敢耽搁太久，只好赶紧回到了飞船上。甜甜设定好目的地——1610年的佛罗伦萨，飞船升空后盘旋数圈，很快就进入了时空穿越模式。

几乎是眨眼间，就到了佛罗伦萨。飞船开始缓缓降落，此时佛罗伦萨已经入夜，飞船落地后变成了马车，载着他们三人在路上飞驰。

游戏画面场景——飞船变成马车，在路上飞驰

"系统，我们这是要去哪儿？"甜甜忍不住问。

"正在前往伽利略在佛罗伦萨的住所，你们要在那里完成任务。"系统不带感情地回答。

"哇，我终于能见到伽利略了！"甜甜狂喜道，"那我们的任务是什么？"

"Find four moons（寻找四个月亮）."系统一板一眼地回答。

游戏画面场景——Find four moons

"系统怎么还说起英文了？"阿亮忍不住吐槽道。

"Four moons，四个月亮？上哪儿找啊？"小酷说完，就探出身，仰头看天，一弯月牙挂在天上，还有点点星光，除此以外，什么都没有。忽然，马车停了下来，小酷差点掉下去，他本能地赶紧缩回车厢。

"叫你不系好安全带。"阿亮嘲笑他说。

"那也得有安全带系啊。"小酷无奈地耸耸肩，辩解道。

目的地——伽利略的住所到了。他们依次下了马车，马车变回飞船飞走了，留下他们站在原地。

"我们怎么办啊，直接敲门进去吗？"甜甜有点胆怯地说道。

"这么晚了，贸然打扰人家不太好吧，再说伽利略也不认识我们。"阿亮也打起了退堂鼓，说道，"哎，小酷你在干吗？"

"这儿有个洞，咱们钻进去呗。"小酷说着，就往里爬。

"哎，你这么擅自钻到人家家里合适吗？小心伽利略报警抓你啊。"甜甜急切地说。

"拜托，这是游戏啊，不要这么认真啦。"小酷说完就爬了进去，不一会儿，他从里面打开了大门，很绅士地做了个"请"的手势。

甜甜无奈地看了小酷一眼，走了进去，她背后，阿亮悄悄给小酷比了个大拇指，好哥俩心有灵犀地互相挑了挑眉。

"玛利亚、利维亚，你们这两个小调皮鬼，快上床睡觉了！"屋里，一位老嬷嬷的声音响起。

"嬷嬷，父亲怎么还没回来？"一个10岁左右的女童问道。

"今晚是你们父亲的大日子，他现在正被尊贵的托斯卡纳大公召见，大公要封他做首席……首席什么来着？"

"是首席数学家和哲学家。"女童回答道，言语中充满了对父亲的崇拜，"因为父亲写了《星际使者》这本书，书里记载了用他发明的望远镜发现的……"

"砰——"的一声，好像是什么被打碎了，小酷他们没有听清后面的话。

"利维亚，天啊，这个花瓶是伽利略先生最喜欢的啊。你们要倒大霉了，等先生回来，我一定要把你们今天不乖的事情都告诉他，现在快给我上床睡觉！"嬷嬷生气地说道，很快，二楼卧室的灯熄灭了。

"为什么我在这个游戏里从来都碰不到伽利略。"甜甜说道，气得牙都要咬碎了。

"伽利略还有女儿？"阿亮说道，他的关注点和甜甜完全不一样。

"嗯，伽利略虽然终生未婚，但他年轻的时候和一个叫玛丽娜的女子相爱，并且生了两个女儿和一个儿子。"小酷一边介绍一边好奇地看着黑漆漆的二楼，虽然没见到伽利略，但是"见到"了伽利略的女儿，也挺有趣的。

"那我们现在怎么办？伽利略在大公城堡参加宴会没回来，他的女儿们又睡了。"甜甜问道，她完全不理解今天的剧情，"这是白来了吗？"

"你们看，后院有灯光。"小酷说完就向后院跑去，阿亮和甜甜也赶紧跟上。

伽利略家后院不大却被收拾得很干净，院子中间放了一架望远镜，显然伽利略平时会在院子里观测天空。小酷环顾四周，角落的桌子上放了几本书。他们蹑手蹑脚走过去，小酷拿起书，发现封面的外文还附上了中文翻译——"星际使者"。

"《星际使者》，这不就是伽利略的女儿刚才提到的那本书吗？"阿亮小声地说，生怕吵醒屋子里的人。

"对，伽利略1609年在托莱多用自制望远镜发现了月球上面高低不平、月光是太阳光的反射光、银河是许多星星汇聚在一起构成的、太阳黑子、木星的卫星等内容，并把它们写在了《星际信使》这本书里。"小酷努力回想着自己在课外读物里读到的关于伽利略的内容，回答道。

"不是《星际使者》吗？你为什么说是《星际信使》？"甜甜问。

"这本书是用意大利语写的，原版书名叫'*Sidereus Nuncius*'，翻译成英文是'*The Sidereal Messenger*'，所以中文版本有人翻译成《星际使者》，有人翻译成《星际信使》，看你怎么理解了，我更喜欢《星际信使》这个翻译，星星用光为我们送来了很多'信息'，就好像给我们寄来了信。"小酷说。

阿亮随意地翻看着书，书中有不少手绘的插图。"这是什么？好有趣。"阿亮翻到其中一页问道，只见上面是一些神秘的符号，围绕着一颗小球，米字形的标记出现在同一水平线的不同位置，有的是3颗，有的是4颗。

"这是伽利略画的木星的卫星，现在我们知道木星有79颗卫星，其中有4颗特别大的卫星，它们现在分别叫作木卫一、木卫二、木卫三和木卫四，

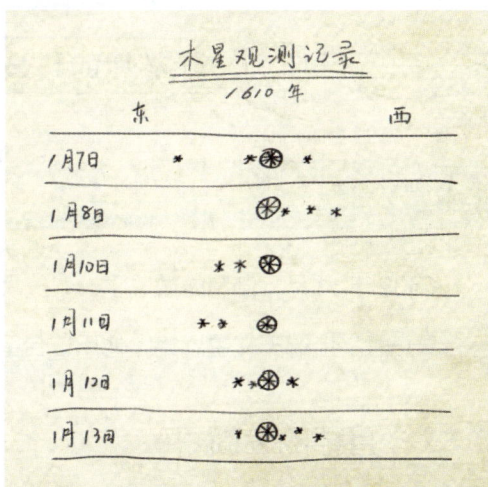

游戏画面场景——伽利略的手绘插图

都是伽利略用望远镜发现的。"小酷指着书上的一行小字说道，系统也贴心地将其

翻译成中文：木星的4颗卫星。

"哦，我知道了！"阿亮忽然拍手道，小酷和甜甜都吓了一跳，"Four moons，指的就是木星的4颗卫星！"

"嗯？卫星不是satellite吗？"甜甜不解地问。

"satellite是人造卫星，卫星还有另外一个词，就是moon。伽利略时代，当他发现了木星的4颗卫星以后，他也是用four moons来指代它们的。"小酷解释道。

"哦，原来如此，谜题解开了！"甜甜说完就开心地跳了起来。

天空中一道白光闪现，伽利略的房子逐渐消失，游戏通关，退出。

"游戏就这么结束了吗？我还没见到伽利略呢。"甜甜摘下VR眼镜，意犹未尽地说。

"虽然你没有见到伽利略本人，不过你已经亲眼看到他的手稿啦。"蒋老师笑眯眯地接过她手中的装备说道，"接下来，咱们来看看伽利略用望远镜究竟发现了哪些神奇的天文现象吧。"

蒋老师的科技史小课堂

4.1 伽利略使用自制望远镜取得的天文发现

1609年11月，伽利略做成了一架放大率为20倍的望远镜，这是人类历史上第一台真正意义上的天文望远镜，他用这台望远镜观测月球。

4.1.1 月球的表面

在望远镜的帮助下，月球第一次如此清晰地呈现在伽利略的眼前。他注意到了月球表面并不平滑的明暗交界线，有一些明亮的部分延伸到暗区，也有一些暗的部分延伸到亮区。伽利略用水彩画记录下了他的观察结果，因为那时摄影技术还没出现。

伽利略的水彩画——月球表面并不平滑的明暗交界线

那时人们有种默认的观念，认为月球像一个水晶球。如果月球的表面是光滑的，光明和黑暗的界线应该是平滑的。伽利略看到的明暗界线并不平滑，他相信自己制造的仪器，认为一定是什么地方弄错了，并决心找出真相。

伽利略想到了地球上的类似场景，太阳光斜照进房间的时候，地板上的一个小石子就能拉出长长的黑影，小石子对着太阳的一面显得分外明亮。地板上并不显眼的凸起和坑洼都被斜射的阳光勾勒凸显出来。于是他断定，月球不是什么水晶球，那只是人们对完美无瑕的一厢情愿。它的表面并不光滑，而是像地球一样有山脉和峡谷，格外明亮的地方就是隆起的山脉，较暗的区域是凹陷的峡谷。

1969年，人类首次登上了月球。2019年，我国发射的嫦娥四号探测器首次在月球背面着陆，证实了月球表面有山脉、峡谷。而伽利略在1609年就发现了这一真相。不久以后，他又有了更重大的发现。

4.1.2　木星的卫星

这个重大的发现就是木星的4颗卫星，木卫一、木卫二、木卫三和木卫四，在伽利略所著的《星际使者》一书中，用很大的篇幅记录了伽利略发现它们的过程。

1610年1月7日晚上，当伽利略用自制的"最高级"的望远镜（其放大率为20

倍）看向木星的时候，发现视野中木星的旁边多了三颗小星星，他记录下了三颗小星星和木星的位置关系。在接下来的每一天晚上他都进行了持续记录。我们可以利用现代的知识推演当时木卫的运行情况，下图的上半部分，中心○表示木星，从里到外的椭圆分别代表木卫一、木卫二、木卫三和木卫四的运行轨道，当然这是现代的命名，伽利略在书中称它们为"美第奇星"，为了方便描述，我们还是用现代的名字来称呼它们。

东　　　　★　　　★○　★　　　　　　　西

1610年1月7日，木卫一和木卫二在木星东侧，并且离得很近，所以伽利略把它们看成了一颗小星星

　　如果说，1610年1月7日的记录只是伽利略出于工作习惯的随手一画，那么，1610年1月8日的发现令他非常惊讶，三颗小星星都跑到另一边去了。

东　　　　　　○★　★　★　　　　　　　西

1610年1月8日，伽利略当时使用的望远镜视野不大，东边的木卫四距离木星太远，跑出了视野之外

　　木星旁边这几颗会移动位置的小星星引起了伽利略强烈的好奇心，他满怀期待地等待下一个夜晚的来临。不巧乌云密布，什么都没有看到。

　　接下来是1610年1月10日的记录，视野中少了一颗小星星，伽利略认为有一颗小星星藏在了木星后面。

东　　　　★　★　○　　　　　　　　　　西

1610年1月10日，木卫一实际在西边，由于离木星很近，被木星的光辉掩盖了，
木卫二和木卫三在东边，也是因为离得很近，被看成了一颗小星星

　　此后，伽利略更加勤奋、细致地对它们进行观测。1610年1月11日，还是只

有两颗小星星，但是从亮度可以看出，跟前一晚的两颗小星星不一样，这时，伽利略初步判断有三颗小星星在木星附近徘徊。

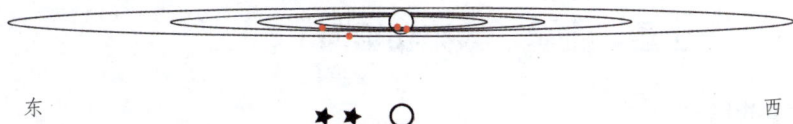

★　★　○

1610年1月11日，实际上木卫一和木卫二在木星前方，所以看不出来

为了进一步证实自己的猜测，伽利略在同一天晚上对它们进行多次观测，1610年1月12日，起初他只看到了两颗小星星，几小时后，紧贴木星的东边出现了第三颗小星星。

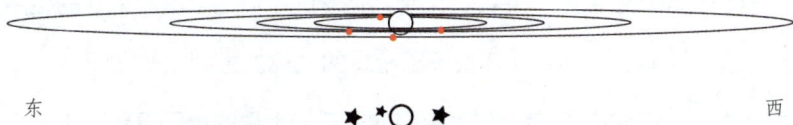

★　*○　★

1610年1月12日，起初木卫一和木卫四都在东边，但离木星太近看不出来，
直到木卫一离开木星了一些，才能分辨出来

伽利略在地球上通过望远镜看几颗小星星捉迷藏，之前因各种各样的情况，他都只"看到"两三颗小星星，1610年1月13日夜晚，他第一次看到了4颗小星星！

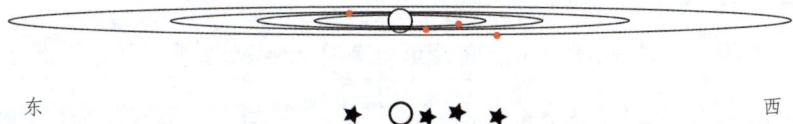

★　○★　★　★

1610年1月13日，第一次看到4颗小星星

这样的观测记录持续到1610年3月，伽利略终于可以确认，有4颗小星星在围绕木星运行，为了感谢美第奇家族在金钱方面的资助，他将它们命名为"美第奇星"。

木星有卫星，这一事实表明有天体在围绕地球以外的天体运动，这可以算是对哥白尼日心说的重要支持。如果让当时执意反对日心说的人用望远镜看看，他们会改变想法吗？多半不会。反对派终究不愿相信通过望远镜看到的一切，他们会说，那是视觉上的错误，望远镜制造了幻觉，它是魔鬼的工具。所以伽利略才相信，错误不是来自仪器，而是混乱的思考；重要的不是观察，而是思考。

4.1.3 关于土星、金星、太阳和银河

土星的耳朵

1610年5月底，木星消失在太阳的光辉中，伽利略对木星卫星的观察只能暂告一段落。到1610年7月底，木星又重新出现在早晨的天空，伽利略才继续对木星进行观察和记录。同时，这一时期的土星正好也处于有利的观测位置，伽利略发现，土星的形状是○○这样的，像是"三颗"星紧挨着排列，并且与黄道面平行，他把两侧的"同伴"称作土星的"耳朵"。土星离地球的距离比木星离地球的距离要远很多，受到望远镜性能的限制，他还看不出土星的光环。直到半个世纪后，克里斯蒂安·惠更斯才用50倍的望远镜看到了土星的光环和土星的一颗卫星（土卫六，土星最大的卫星）。

金星的盈亏（相位变化）

1610年10月，金星在夜空出现了，伽利略自然不会放过这个观测时机，用改进后的望远镜对金星进行了持续观测。

金星很明亮，对多数色差很大的望远镜来说，明亮的金星反而看不清晰。受到彩色条纹的干扰，望远镜看不清金星的真实样子。伽利略制作的望远镜在当时性能是非常优良的，在数月之内，他观察到了金星形状的变化过程，金星就像月球一样有着相位变化。起初是很小的圆形，然后每天都在增加，并一直保持圆形。后来，它离太阳非常远的时候，开始是缺了一点的圆形，几天后变成了半圆形，同时尺寸一直在变大，几天后又变成了镰刀形状，最后完全消失。它在早晨重新出现时，还是镰刀形状，接下来每天它会慢慢恢复到半圆形，最后变成一个完整的尺寸很小的圆形。

地心说无法解释金星的盈亏，而日心说可以。这进一步动摇了地心说的地位。

除了木星卫星、金星盈亏这类引发宇宙观争论的发现，在天文学上伽利略还有其他两个发现。**一个发现是银河是由无数的恒星聚集在一起组成的；另一个发现是太阳的表面有黑子。**伽利略认为黑子有规律地运动是太阳自转的结果。

金星从细细的镰刀形状变成半圆形，最后变成一个完整的圆形的过程

4.2 赫歇尔发现天王星

18世纪，英国的赫歇尔家族在天文学史上是一个传奇，他们制造了许多反射式望远镜，最大的反射式望远镜口径约1.2米，镜筒约有12米长。

对工具有着高要求的人，往往会忍不住亲自动手去制作、改进它，在科学发展的早期，有很多重大发现的人，同时也是技术发展的推动者，前面我们提到的伽利略、赫歇尔、牛顿，他们都是。

威廉·赫歇尔不仅是天文望远镜的制造者，他还被称为"恒星天文学之父"，对大量恒星进行了观测和研究。他还发现了天王星，这是人类第一次通过望远镜发现的大行星。在此以前，人们所知的太阳系行星家族就是"水星、金星、地球、火星、木星、土星"，土星是距离太阳最远的行星。天王星的发现拓展了人们对太阳系范围的认识。

在讲赫歇尔在天文学领域的重大发现之前，我们要先介绍一下当时人们对天文学的认知背景。今天，我们仍要明白知识是在不断更新中的，了解知识更替的来龙去脉比知识本身更为重要。

我们现代使用的很多天文术语、概念都来自古希腊，继续追溯的话，有的来源于古巴比伦文明。那古代人怎么区分恒星和行星呢？"恒"表示不变、不动，"行"表示行走、移动。恒星就是不动的星星，行星是移动的星星。要特别说明一下，事实上所有的天体在夜空中都会"移动"，进一步区分的话，恒星和行星的移动模式有所不同。

行星每日从东方升起，在西边落下，与太阳和月球类似，沿着特定的路径（黄道带）穿过天空。古希腊人把我们今天所说的大行星（planet）和太阳、月球一起通称为"游星"（wanderer），在古人观测中，它们主要在"黄道带"内移动。

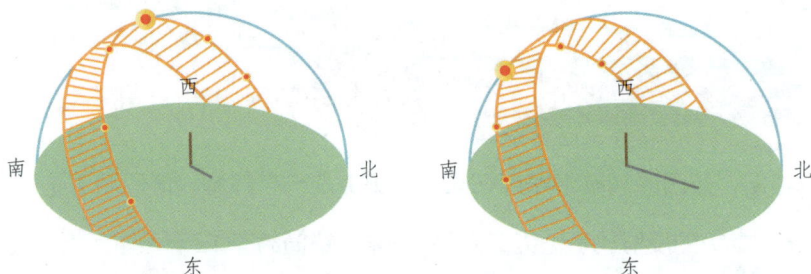

把天空看成天球穹顶，天球穹顶上太阳的"移动"路径；橙黄色区域就是黄道带，
左图是夏至太阳的"移动"路径，右图是冬至太阳的"移动"路径

恒星呈现出以北极星为中心的环形视运动轨迹。除少数情况，恒星之间的相对位置基本固定不变，正因为这种稳定性，古人把点点繁星用虚拟的线连起来，组合成特定图形，并用神话故事为这些图形赋予文化意义。

恒星在天球上组成相对固定的图案背景，而行星则在黄道带范围内相对于这些恒星移动。

人们使用天文望远镜观测星空发现，不论望远镜的倍数有多高（那时的望远镜倍数有限，跟现代没法比），恒星在望远镜里都是一个"点"，像针尖细的一个点。

太阳是个例外，看起来是个圆盘，因为它距离我们比较近。而水星、火星、木星等行星在望远镜里像个小圆盘，金星有盈亏，土星还有小耳朵。裸眼看不出来行星的形状，需要使用望远镜放大才能看出来。

长时间曝光的星轨摄影，那些同心圆弧就是恒星移动的轨迹，圆心处是北极星

下面我们讲讲赫歇尔在天文学领域的重大发现。

威廉·赫歇尔一直保持着每天观测星空的习惯，连在夜晚演出之前的空闲时间也要利用起来进行观测。1781年3月13日晚，赫歇尔像往常一样用望远镜巡天观测，这一次，他看到了一颗以前未曾注意过的星星。在这之前，也有人也看到过、记录过这颗星，不过都把它错认成恒星了，当他们后来发现自己曾与伟大发现失之交臂，不禁捶胸顿足，后悔不已。夜空有那么多颗星星，赫歇尔是怎么判断这颗星是恒星，还是行星，抑或是行星的某颗卫星的呢？（回忆一下伽利略发现木星卫星的过程，他通过观察木星周围小星星的位置变化，推测出它们绕木星旋转。）

赫歇尔之所以能注意到这颗星，是因为它很特别，以及他长期观察星空训练出的敏锐的观察力，他发现这颗星不像恒星那样呈现出光点（因为恒星很远，在当时的望远镜中看不出"形状"），而是具有星云状的圆面。

恒星在望远镜里看起来都是一个个的点，谈不上
什么形状（第一章我们提过彗星的形状，它有彗头，
拖着长长的彗尾），而这颗星在望远镜中呈现出圆面。
于是赫歇尔判定，这应该不是一颗恒星。

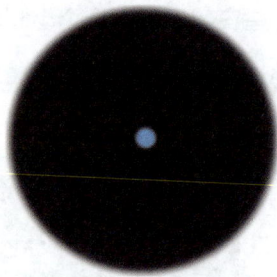

望远镜中的天王星

进一步观察发现，这个暗蓝色的天体在星座之间
移动。起初，赫歇尔还没有想到它会是行星，自从望
远镜被用于天文观测以来，人们发现了许多新的恒星、彗星、星云，从未发现过行
星。所以，他凭经验认为这是一颗彗星，并将这一发现提交给了英国皇家学会，说
明了这颗新星的位置和特点。接着，他继续对这颗新星进行跟踪观测，发现它的运
动轨迹近似一个圆形，跟彗星的运动轨迹不太相符（第一章课堂提到过彗星轨道），
与行星的运动轨迹更为相似。

圆面——不像恒星，轨道形状——不像彗星。在难以解释的情况下，赫歇尔选
择站在观测事实的一方，他重新整理了思路，大胆宣布了他的想法：这颗新星是一
颗比土星还遥远的行星。1783年，法国科学家拉普拉斯证实赫歇尔发现的确实是
一颗行星。天文学界轰动了，太阳系的范围被扩大了。

天王星的星等是5.7（数值越小，星越亮），在晴朗的夜空，只用肉眼就可以
看见，却直到1781年它才被"发现"是行星，为什么之前都没人认识到这一点呢？
这可能与天王星的公转周期有关，它每84年绕太阳公转一周，平均每天只移动46
秒（3600秒＝1度）。历史将发现天王星的荣誉授予赫歇尔，这恰好证明，重大发
现终将眷顾细心之人。

依照惯例，对于新行星的命名，发现人拥有其命名权。有人提议，就叫"赫歇尔
星"吧，赫歇尔没有同意。既然水星（Mercury）、金星（Venus）、火星（Mars）、
木星（Jupiter）、土星（Saturn）都是用的古罗马神话中神的名字，人们就延续了

用神的名字来命名的思路，给新行星起名为乌兰诺斯（Uranus）——希腊神话中的天空之神，乌兰诺斯是土星代表的神的父亲，中文翻译过来就是"天王星"。

赫歇尔对天文学的贡献不仅仅是发现了天王星。他还对大量恒星的位置和距离进行了分类与编目，首次绘制了银河系结构图；他对大量双星、星团等天体进行观测与研究，并汇编成3部星云星团观测表。此外，他最早发现了红外线的存在。

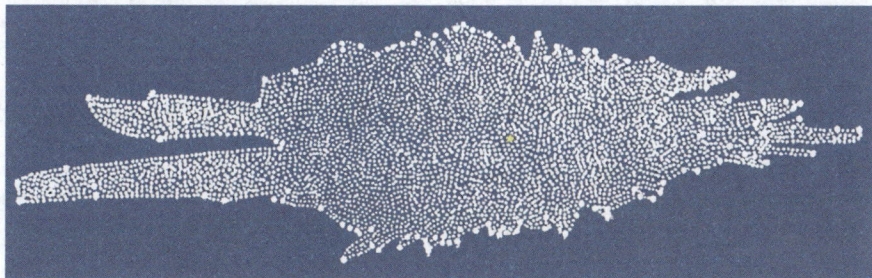

赫歇尔绘制的银河系结构图

4.3　宇宙的真相

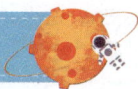

宇宙总能激发人们无穷的想象。人类对宇宙了解得越多，就越发感到自身的渺小，仰观宇宙之浩瀚，方知何谓无边无际。

诗人描绘宇宙的浪漫图景，科学家探究宇宙的物理规律，宇宙真的是无限的吗？

假如有一只一直生活在球面上的二维小虫，它从未离开过球面。球的直径非常大，以至于它感受不到球表面的弧度，它会觉得自己在一个平面上（就像我们日常感觉地球很平一样）。它在球面上随心所欲地爬，永远到不了尽头。这只二维小虫恰好喜欢思考数学和物理问题，依据它的体验，它会觉得所在的"宇宙"是无限无边的——这是它的无限二维宇宙观。显然，二维生命所理解的无限二维宇宙观是错的，我们三维生物知道，球的表面积是有限的。

那么我们把宇宙看成无限的三维欧氏空间，是不是也犯了类似的错误呢？

1915年，爱因斯坦提出广义相对论场方程，描述了引力在广义相对论中的作用。根据广义相对论的推论，爱因斯坦提出了"有限无界"的宇宙模型，然而场方程的数学解表明：这样的宇宙模型不是静态的，它要么会膨胀，要么会收缩。这太令人意外了。就连爱因斯坦本人都被这个结论所震惊。于是他在场方程中引入了一个常数，以保证宇宙处于静态。

1917年，爱因斯坦在普鲁士科学院会议上提交了一篇关于有限无界的静态宇宙模型的论文。

之后过了12年，也就是1929年，天文学上有了一次重大发现——宇宙在膨胀。这表明，爱因斯坦的静态宇宙模型是错误的。

1929年提出"宇宙膨胀"观测证据的人正是埃德温·哈勃。

哈勃被称为"河外天文学之父"，他通过天文观测首次证实了银河系外还存在其他星系。1923—1924年，他在威尔逊山天文台用胡克望远镜拍摄了仙女座大星云的照片，在分析了一批造父变星的亮度后断定，这些造父变星所处星系距离地球几十万光年，远超过当时银河系的直径尺度，由此哈勃确认它们是位于银河系外的巨大天体系统——河外星系。

哈勃是怎么利用造父变星测出仙女座星系与地球的距离呢？

他采用了一种间接的方法。恒星的表观亮度（地球观察者看到的亮度）取决于它的绝对光度（它能辐射出多少光）和距离（离我们有多远）。表观亮度、绝对光度、距离，这三个量，知道其中两个就可以算出第三个。对于近处的恒星，我们可以测量其表观亮度和距离，计算它的绝对光度；反过来，如果已知其他星系中某颗恒星的绝对光度，再测量其表观亮度，就可以算出距离。哈勃在当时所谓的"仙女座星云"的边缘发现了一颗造父变星。造父变星是一种特殊的恒星，具有非常稳定的变光规律。哈勃假定，仙女座星系的造父变星和距离我们较近的造父变星有着相同的绝对光度。通过观测我们可以得到较近的造父变星的变光幅度；然后，通过其他方式测量它与我们之间的距离；由此得到变光幅度与距离之间的关联，再观测更远的仙女座星系的造父变星表观亮度变化，就可以推算出该星系的距离了。如果同一星系中多颗恒星用这种方法推算出来的距离都差不多相同，说明结果是可信的。由于哈勃当时不知道有两类造父变星，所以他测算出来的距离与实际距离相差两倍多，直到1953年帕罗玛山天文台的200英寸望远镜实现全功能运行后，才纠正了这个错误。

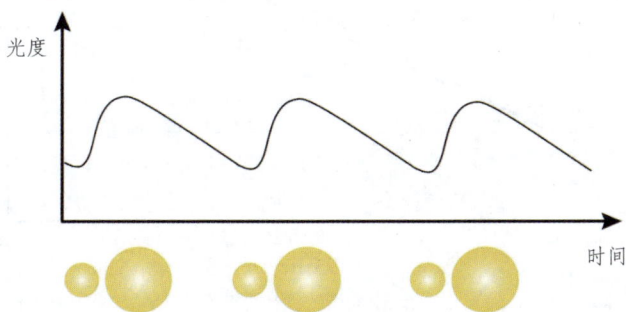

造父变星的光度和直径随时间变化，天文学家将“造父变星”视作“量天尺”

　　河外星系的发现，奠定了现代宇宙学的基础框架，掀开了宇宙探索新的篇章。

　　之后几年，哈勃继续对河外星系进行观测和研究，测量它与地球之间的距离，并给观察到的光谱分类。当时人们认为星系的运动是杂乱无章的，光谱红移和蓝移的比例应该相当（这里涉及光谱的多普勒效应，红移和蓝移。它是研究天体相对地球运动的重要工具），大致各占一半。然而他发现，**大部分星系的光谱是红移的，这表明星系在远离我们！**更令人惊讶的是，星系红移的大小也是有规律的，与该星系和我们之间的距离成正比，就是说，**星系离我们越远，退行视向速度越快。**

　　哈勃将这些观测研究结果写成论文于1929年发表出来，下页图是论文中的一张线性拟合图，在今天看来，它不够精确完整，但就是这张不够精确的线性拟合图，暗藏了一条定律，即哈勃－勒梅特定律。

　　$V=HD$（V是天体退行视向速度，D是天体和我们之间的距离，H是哈勃常数）

这条线性规律揭示了一个事实：**宇宙在膨胀。**

哈勃用实验观测证实了宇宙不是静止的。

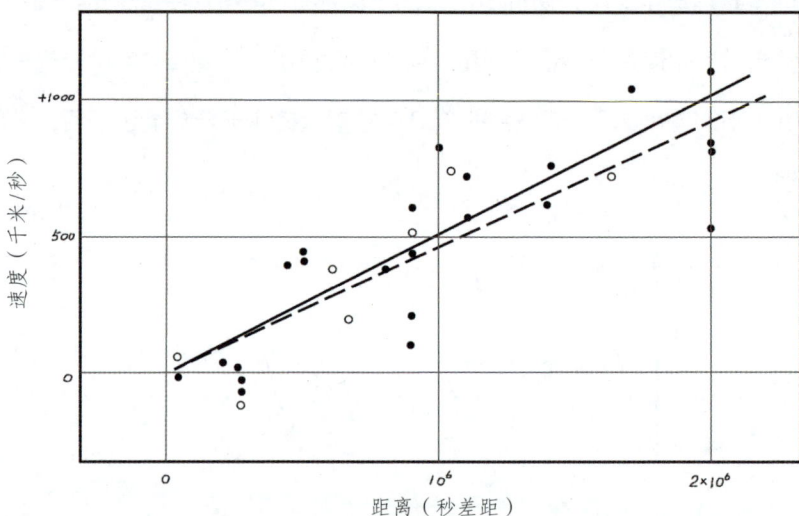

哈勃论文中的线性拟合图

在哈勃发现宇宙膨胀之前，也有人对爱因斯坦的静态宇宙模型理论提出过质疑。比如苏联的数学家弗里德曼就曾发现，广义相对论方程式两边做除法时，除数居然有可能为零——就连小学生都知道，0 不能是除数。可惜弗里德曼的论文并没有引起爱因斯坦的重视，而且天妒英才，他在很年轻的时候就去世了。

1927 年，天文学家勒梅特发现了爱因斯坦广义相对论中的一个"严格解"，并推导出了后来被称为"哈勃定律"的方程——可他计算出的"哈勃常数"，因为观测样本太小，不足以验证星系退行视向速度和距离之间的线性关系。所以爱因斯坦评价道："你的计算是正确的，但你的物理糟糕透了。"从这句话我们可以看出，爱因斯坦肯定了他们的数学推理，但他认为，这个结论实在太荒谬了。【备注：因为勒梅特的相似发现（1927 年）早于哈勃 1929 年的论文，为了尊重这一事实以及勒梅特的研究工作，2018 年国际天文学联合会讨论决定将"哈勃定律"更名为"哈

勃-勒梅特定律"。】

直到哈勃用实验观测——而不是数学计算，证实了爱因斯坦的静态宇宙模型是错误的。静态宇宙的观念也随着他的发现而土崩瓦解。

爱因斯坦不愧是伟大的科学家，他有敢于正视自己错误的胸襟，他后来主动承认道："广义相对论引力场偏微分方程中的宇宙常数纯属多余。"随后发表论文修正了广义相对论方程。

爱因斯坦的胸襟不仅体现在此，他对证实他的观点是错误的哈勃不仅没有丝毫成见，而且大方称赞。1931年，在访问加州理工学院期间的某一次演讲后，爱因斯坦公开向记者宣布："哈勃和他的合作者对宇宙的研究具有划时代的意义。"哈勃也因为这句评价，成为改变人们对宇宙认知的关键人物。爱因斯坦在加利福尼亚州访问期间，也去过威尔逊山天文台，不知他和哈勃之间会有什么样的对话。

1931年，爱因斯坦到威尔逊山天文台参观，不知他和哈勃之间有什么样的对话

4.4 看向宇宙更深处的哈勃空间望远镜

在埃德温·哈勃发现仙女座边缘的造父变星近100年后，以哈勃命名的哈勃空

间望远镜重新观测了这颗改变了人们宇宙观的造父变星，以纪念埃德温·哈勃的伟大的成就。哈勃空间望远镜的观测数据对哈勃常数测量值进行了改进，哈勃常数成为推算宇宙年龄的重要数据。

2010年12月到2011年1月期间，哈勃空间望远镜拍摄的仙女座星系的一颗典型造父变星

当然，哈勃空间望远镜的工作不止这些。它的设计初衷是要看得更加深远，主要目标是测量宇宙的大小与年龄。

哈勃极深场（全称哈勃极端深空视场，缩写为XDF，是在超级深空场基础上再选取拍摄的）是迄今为止人类获得的最深远的宇宙图像，它发现了最遥远、最黯淡的星系，使我们得以回溯到更早期的宇宙。可以说，哈勃空间望远镜就是一台宇宙历史探测器，它通过探测恒星和星系几十亿年前发出的光，使我们可以窥见遥远的过去。

自哈勃空间望远镜升空30多年来，全球科学家基于它的观测数据发表了数万篇科学论文，它是科学工作者的重要工具。除了修正哈勃常数测量值、拍摄极深场回溯宇宙过去，它还为星系中心存在黑洞的假说提供了直接观测证据。

哈勃空间望远镜拍摄的极深场全景

对天文爱好者来说，哈勃空间望远镜是科学传播的使者，它拍摄了无数精美绝伦的照片，激起公众对宇宙的好奇心。通过哈勃空间望远镜，我们看到了约700光年外的"上帝之眼"，约7000光年外的"创生之柱"，以及远在约134亿光年外的原始星系。在探寻宇宙真相的同时，哈勃空间望远镜也激发了我们对宇宙的诗意遐想。

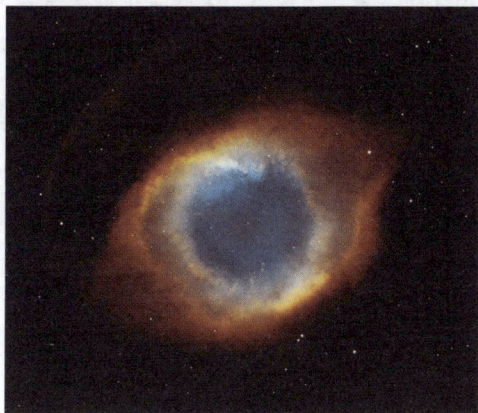

"上帝之眼"：NGC 7293星云

"创生之柱"：老鹰星云内圆柱形的星际气体和尘埃
（备注：照片中的颜色是计算机依据观测数据模拟出来的）

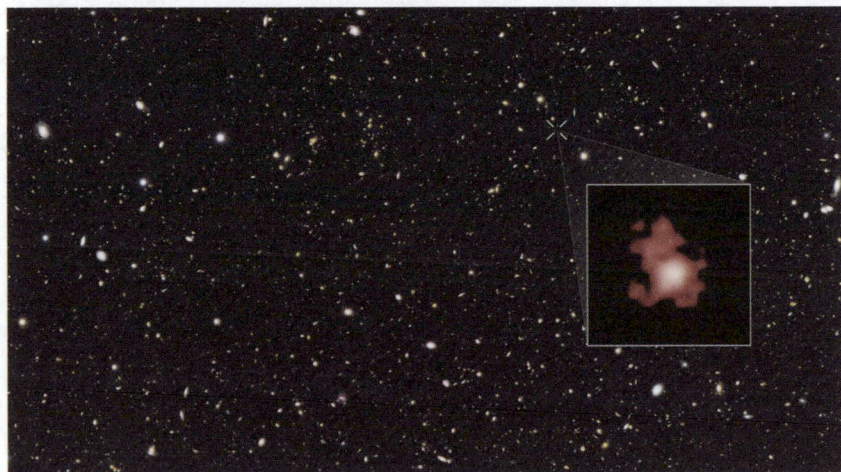

约134亿光年外的GN-z11

第五章

天文馆之旅：从多普勒效应到星光的秘密

05

　　这天是周六，蒋老师要到上海天文馆做志愿者，小酷他们一听，马上就央求蒋老师带他们一起去。于是他们一行4人出发了。

　　"前方限速拍照，想清楚了，它可没开美颜。"手机地图的搞笑语音导航反而提醒了小酷他们，三个小伙伴连忙一起对着高架桥的摄像头比了个心。蒋老师正专心开车，不小心瞥到后视镜，也忍不住笑了起来。

　　"蒋老师，高架桥上的摄像头好多啊，都是干吗用的？"坐在后座中间的阿亮问。

放在高空的摄像头，可以转动

"有违章监控摄像头、超速摄像头、地面测速仪、区间测速摄像头等。"蒋老师回答。

放在高空的超速摄像头，摄像头不能转动

放在地面的测速仪，有的隐蔽在绿化带中

"超速摄像头和区间测速摄像头有什么区别？"甜甜好奇地问。

"区间测速是设定一段距离，然后根据同一辆车经过这段距离的时间，计算出车辆的平均速度。"小酷说，"就跟咱们刚学的'测量平均速度'实验一样。"

区间测速摄像头

$$平均速度 = \frac{区间距离}{通过时间}$$

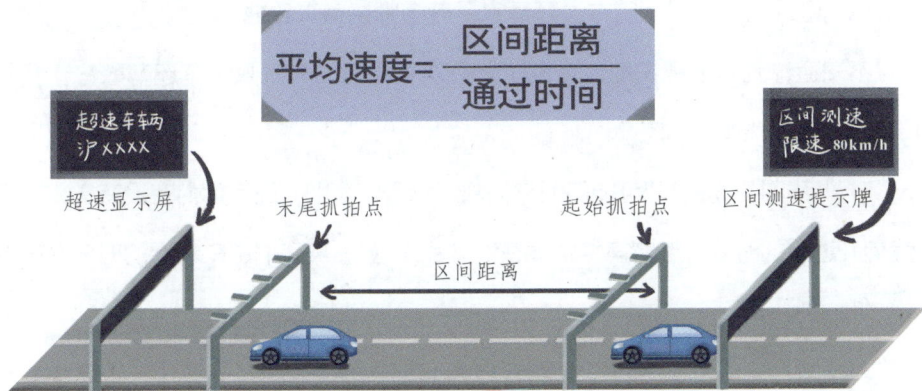

超速车辆
沪××××

超速显示屏   末尾抓拍点   起始抓拍点

区间测速
限速 80km/h

区间测速提示牌

区间距离

区间测速示意图

"那超速摄像头呢，用的是什么原理？它能测量车辆的瞬间速度吗？"甜甜又抛出一个问题。

"这……我就不知道了……蒋老师？"接着小酷开启了"场外求助"。

蒋老师一边开车，一边也在听着他们的对话，她刚想回答，忽然远处传来了警笛声。

"是消防车！"三个小伙伴兴奋地扭过头去，警笛声由远及近，消防车超过了他们的车，又逐渐远去了，三人挥手大喊"拜拜"，不一会儿消防车的身影和警笛声都消失在了远方。

疾驰而来的消防车示意图

"你们刚才为什么对消防车说拜拜？"蒋老师饶有兴致地问。

"不知道，就是下意识地这么说了。每次看见消防车、救护车还有警车，我都忍不住和它们打招呼。"阿亮说。

"对，"甜甜补充道，"可能因为它们都发出警笛声吧。而且你们有没有觉得它们向我们开过来的时候，警笛声特别像在说'我来啦'，离我们越来越远的时候又好像在说'我走啦'。"

"那是因为它们发出的声音会随着与我们距离的远近而发生变化，距离我们越近，声音越大；距离我们越远，声音越小。"小酷解释道。

"小酷观察得很仔细，其实你们刚才问我的测速仪的原理，就和你们刚才听到的警笛声有关联。"蒋老师边说边开车下了高架桥，再过两个路口就到达天文馆了。

"啊？它们还有关联？"小酷他们好奇地反问道。

"消防车向我们开来时，警笛声听起来很尖锐，当它远离我们时，声音听起来很低沉，这是多普勒效应的经典例子。"蒋老师把车驶入停车场后说。

"多普勒效应？"小酷重复道，他从没听过这个名词。

"多普勒效应是为了纪念奥地利物理学家、数学家克里斯琴·多普勒而命名的。他在1842年第一个提出了这个理论。当消防车驶向我们或者远离我们时，因相对运动导致警笛声的声波频率发生变化，所以我们听到了尖锐或者低沉的警笛声。"蒋老师说，"测速仪也是通过向车辆发射超声波，然后测量反射回来的超声波频率变化，凭此算出车辆的速度。"

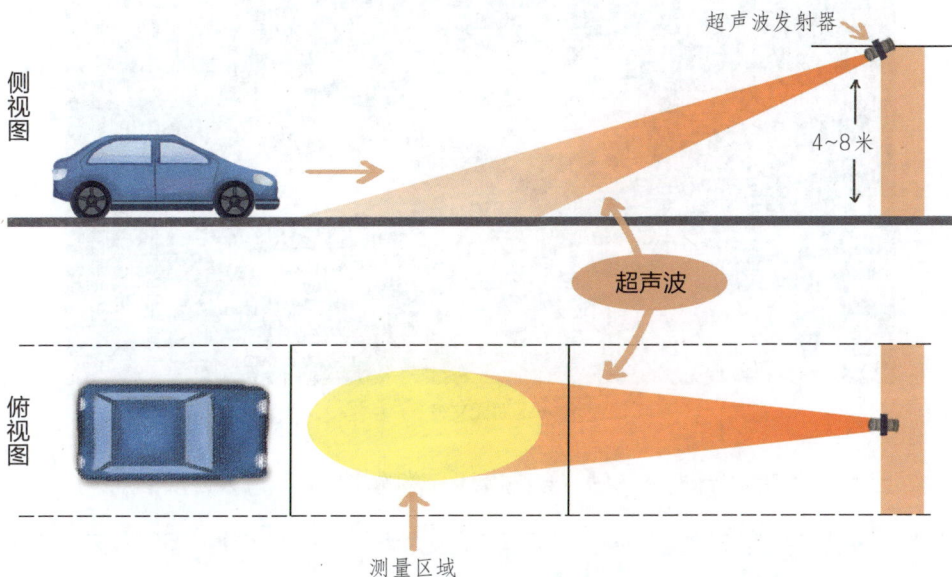

侧视图

超声波发射器

4~8 米

超声波

俯视图

测量区域

定点测速示意图：当汽车驶入测量区域向超声波发射器靠近时，反射信号的频率将高于发射频率，根据频率的变化值就可以计算出汽车和超声波发射器的相对速度

"原来是利用超声波的频率变化，太神奇了，感觉比区间测速技术含量高多啦。"阿亮说。

"那当然，区间测速用到的测量平均速度是初中物理知识，声波的多普勒效应是高中知识，复杂不少。"蒋老师说着，挥了挥手中的工作证，"现在我们要暂时分开啦，观众入口在那边，我得去那边的员工通道。我十点值班，十一点休息，我在值班区等你们，中午休息的时候请你们吃饭。"

"蒋老师，你在哪儿值班？我们能去找你吗？"甜甜问。

"哦，我在三楼'征程'展区'威尔逊之巅'那里，你们可以来找我，不过周末人比较多，值班的时候我不一定能陪你们。对了，'征程'展区的知识长廊上有光谱学的发展历史，你们对多普勒效应感兴趣的话可以好好看一下。"蒋老师边说边挥手，小酷他们也向观众入口走去。

上海天文馆

上海天文馆的设计非常巧妙，参观者从一楼的"家园"进入，从参观通道螺旋而上，通过"宇宙"，到达三楼的"征程"。因为蒋老师提到了"征程"展区的知识长廊上的光谱学发展时间轴和多普勒效应有关，甜甜看得格外认真。

"小同学，需要帮助吗？"一位大学生模样的志愿者哥哥走了过来，他看到甜甜他们站在威廉·海德·沃拉斯顿的照片前，主动跟他们说，"这是英国科学家威廉·海德·沃拉斯顿。1802年，他第一次注意到太阳光谱不是从红到紫的连续光带，而是间断的。"

"太阳光谱？间断？"一下子听到好几个陌生名词，阿亮重复道，他有点反应不过来。

志愿者看出了阿亮的疑惑，猜测他们刚上初中，估计对这些光学知识还不了解，于是便从更基础的知识讲起："你们玩过玻璃三棱镜吗？"

"嗯，我玩过，阳光透过三棱镜以后，会变成七彩的光带，像彩虹一样。"小酷回答。

"没错，这是牛顿发现的光的色散现象。太阳光不是'白色'的，而是由不同频率的光组成的，当这些光穿过三棱镜时，因为不同频率的光折射

太阳光通过三棱镜形成彩色条纹

角度不同，红光的频率较低，紫光的频率较高，所以就展现出了不同颜色。"

"彩虹的形成也与折射有关！"甜甜抢答道。

"没错！"志愿者点点头，鼓励地看着大家问道："你们还知道什么？"

"1672年，牛顿首次在他的论文中提出了自己发现太阳光谱的经过。"小酷慢吞吞地补充道。

"非常棒！"志愿者给他们竖了个大拇指后说道，"太阳光谱被发现后，科学家进行了进一步的研究，他们发现，太阳光谱中存在很多不连续的暗条纹。"

"就是沃拉斯顿发现的这些暗条纹吗？"阿亮指着墙上的沃拉斯顿画像问。

"是的，沃拉斯顿发现这个现象的时候，他还不清楚其中的原理。现在我们知道了，太阳光谱中的这些暗条纹是原子的'吸收线'，又叫夫琅禾费线。"志愿者回答。

"夫琅禾费发现太阳光谱暗线……原来夫琅禾费线是以发现人的名字命名的。"眼尖的甜甜看到时间轴上一张小小的肖像画并说道，只见画像中的青年身着礼服，胸前佩戴勋章，脸庞瘦削清隽。

"没错，1814年，德国光学科学家约瑟夫·冯·夫琅禾费通过望远镜和棱镜也看到了太阳光谱中的暗线。不过他最大的贡献是开发了一种叫作光谱仪的工具，用来测量谱线（暗线）的位置和波长——可以说，夫琅禾费是现代光谱学的开山祖师了。"志愿者滔滔不绝，显然对这些知识了如指掌。

"1787年至1826年，他只活了39岁啊！"阿亮看到历史人物头像下面的时间就忍不住算了算并说道。

"是的，非常可惜。如果他的生命能持续得长一些，肯定能有更多激动人心的

发现。夫琅禾费不仅用他制作的光谱仪观测了500多条太阳光谱中的谱线，更重要的是，他用光栅代替棱镜，制作出了更高分辨率的光谱仪，并用其观测了天狼星等明亮恒星的光谱，发现这些恒星的光谱上，有不同于太阳的谱线……"

光谱学发展时间轴

"科学家为什么要观测这些谱线？不同恒星的谱线不同说明了什么？"一直沉默不语的小酷忽然开口问道。

志愿者并没有因为被打断而生气，反而很赞许他这种有问题就问的勇气，继续说："这两个问题问得很好，我来分别回答一下。第一个问题，因为谱线里藏着秘密，科学家想解开这些秘密。19世纪中期，物理学家和天文学家在实验室中，让光——或者说自然白光——穿过不同的气体，得到一系列谱线，发现这些谱线跟不同种类的原子吸收特定波长的光有关。至于第二个问题，为什么其他恒星的谱线跟太阳的谱线不同，把它们和原子吸收谱线对比就可以找到答案。"

"是因为在其他恒星上存在着和太阳不一样的原子吗？"小酷猜测性地问道。

"没错。"志愿者给予了肯定的回答。

"那夫琅禾费观测的500多条太阳光谱的谱线，就代表了500多种原子？"甜甜也加入了讨论之中。

"不是一条暗线对应一种原子或元素，而是一种元素可以对应很多条暗线，有的比较明显，有的不太容易被观察到，它们来自原子中电子的不同能级跃迁。每种原子都有一系列特定的谱线，就像商品的条形码一样。比如钠的双黄线就很特别，一看到这样的谱线，就能知道里面存在钠元素。不仅是太阳，对那些遥远的恒星、星云，天文学家只要观测它们的光谱就可以知道恒星上的大气成分或是星云的化学成分。"志愿者耐心地解释道。

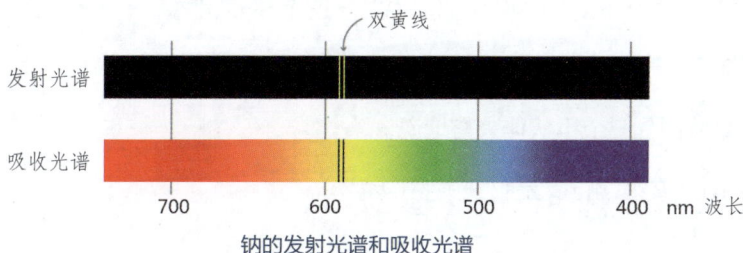

钠的发射光谱和吸收光谱

"那太阳光谱本身就是断开的吗？"看到小酷和甜甜连接发问，阿亮也不甘示弱地问道。

"太阳本身发出的光的光谱是连续的，通过太阳外围的大气层之后才变成间断的。"志愿者微笑着回答。作为志愿者，他非常喜欢解答问题，孩子们总能给他最大的惊喜。

"原来你们在这儿！"蒋老师不知什么时候走了过来，"小知，你好呀。"

"蒋老师！"孩子们看到蒋老师，开心地围了上去。

"你们看到光波的多普勒效应了吗？"蒋老师到了休息时间，她在值班区域没看到小酷他们，便猜测他们可能在哪儿被"绊"住了，沿着参观路线往回走，果然看到了三个求知若渴的小家伙。

"光波也有多普勒效应？哦，对，光波和声波都是波。"甜甜自问自答，大家都笑了起来。

"你好，一心，你今天也值班啊。"被叫作小知的志愿者和蒋老师打招呼，显然他们很熟络了。

"原来蒋老师叫蒋一心，这个名字真好听，那哥哥叫什么呀？"阿亮嘴甜地问道。

"我叫蔡知，知识的知。"志愿者有礼貌地回答。

"蔡知可是上海天文台的在读博士生哦，你们碰到他可太幸运啦。走吧，咱们一起去吃饭，中午我请客。"蒋老师说着眨了眨眼，三个小朋友和一个大朋友都兴奋地跳起来，"蔡知，这顿饭可不白请，午饭后给这三个小家伙讲讲多普勒效应、红移和蓝移吧，正好下周的科学课他们也要学这个环节呢。"

"没问题！"蔡知说道。

"太棒啦！"三个小伙伴兴奋地说。

今天的天文馆之行真是收获满满！

志愿者哥哥蔡知的午餐小课堂

在第三章中，我们探索了光的传播性质和透镜成像规律，了解了望远镜的成像原理；在第四章中，我们回顾了从伽利略时期到现在400多年间天文学上的重大发现，遥远的星光被望远镜等设备捕捉并记录下来，除了发现越来越多的天体，给它们分门别类，还能知道它们距离我们有多远，知道它们的运动模式，甚至知道它们由哪些元素组成。这么多信息，都来自天文学家对星光的观测。

一般来说，天文学家通过各种仪器观测的天体信号大致分为两类，即图像和光谱。图像我们很熟悉了，能用肉眼看到，照相机拍摄的照片就是图像。光谱，可能大家还不太熟悉，细心的读者可能有印象，第四章讲哈勃发现星系红移的时候提到一些。在这一章里，我们将跟随牛顿、夫琅禾费、基尔霍夫、本生等科学家一起进一步探索光的秘密。相信读完这一章，可以帮助你和主角们顺利完成后面的挑战。

5.1 太阳光谱

　　牛顿不仅提出了万有引力定律，发明了微积分（尽管因为发明权跟莱布尼兹吵个没完），他在光学方面的成就也相当大。

　　牛顿对光很着迷，1665—1666年，他在剑桥大学因瘟疫停课期间，在一个黑暗的房间，让一束窄窄的太阳光通过一块三棱镜，在后面的墙上投下了一道彩色的光带。原来太阳光不是"白色"的，它由不同颜色的光组成，牛顿称其为"光谱"。

　　现代电磁学理论告诉我们，光是一种电磁波，可见光是电磁波谱上的一段，从红光到紫光，波长由长至短，频率逐渐增加。

　　而且，波长、频率、能量之间还存在下面的关系：

> 波长＝光速／频率（光在真空中的速度＝$3 \times 10^8 \text{m/s}$）

> 能量＝普朗克常数 × 频率

（普朗克常数是什么？先知道它是一个常数就可以了，这个公式表达的意思是光子的能量与频率成正比）

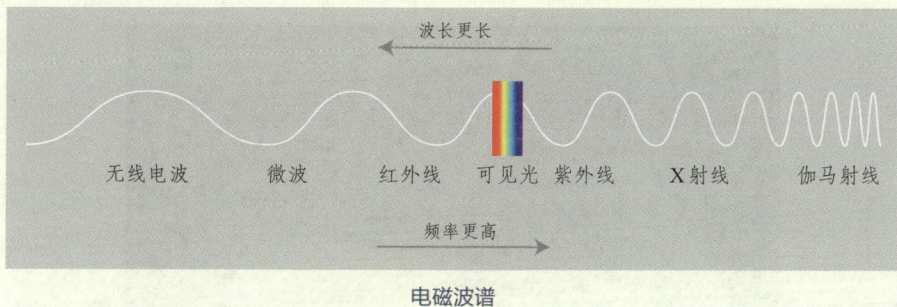

电磁波谱

　　不同颜色（频率）的混合光经过棱镜时，不同颜色（频率）的光折射的角度不同，所以呈现出彩虹条纹，这种现象叫作**色散**。色散现象在自然界很常见，它像一支魔术笔，给平淡的景色添上特别的光彩，比如彩虹、日晕、月晕。（第三章提过的折射式望远镜避不开的色差也是色散现象，但这个就不那么美妙了。）

接下来，天王星的发现者，望远镜制造达人，我们的老熟人威廉·赫歇尔又要出场了。

1800年的一天，赫歇尔在花园里散步，阳光照在身上暖洋洋的。一百多年前牛顿研究发现，太阳光是由不同颜色的光混合而成的，赫歇尔不禁好奇哪种颜色的光带的热量最高。

实验装置跟一百多年前牛顿发现色散现象的装置差不多，也是在一个黑暗的房间，在墙上开一条窄缝，透进来的阳光通过棱镜后被分解成彩色光带。然后，他在光带的不同颜色区域放置温度计，用来测量不同区域的温度，他还在光带附近放了几支温度计测量周围环境的温度以便进行对比。一次偶然的机会，他发现一个奇怪的现象，放在光带红光外的温度计显示的读数比放在室内其他地方的温度计显示的读数高。经过多次反复实验，赫歇尔确认在光带红光边缘外的区域确实热量最高。赫歇尔认为，太阳光里除了可见光，还有一种看不见的"光"，它位于可见光红色区域的外侧，赫歇尔称它为"红外线"。赫歇尔这位"斜杠青年"（本职音乐家），又多了一个身份——红外线的发现者。

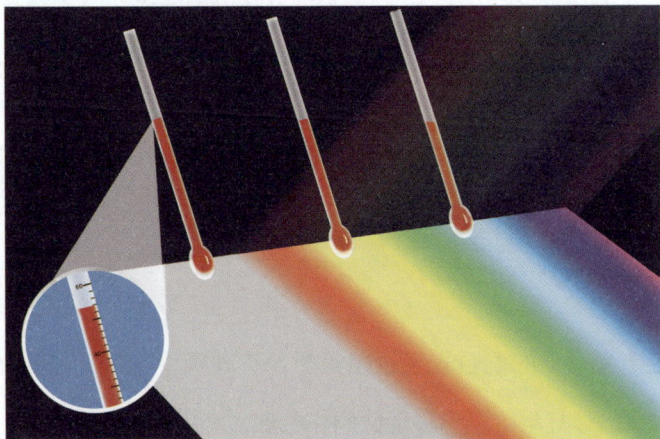

赫歇尔意外发现红光以外的区域，温度计显示的读数最高

注意了，红外线是一种不可见光，红外线具有热效应，太阳的热量主要就是通

过红外线传到地球上的。几乎所有的物体都会发射红外线，因为这个特点，红外测温仪被广泛使用，它不接触身体就可以测量人的体温。

5.2 光谱仪

1814年，德国光学科学家夫琅禾费在望远镜前摆弄棱镜的时候，通过望远镜他看到了太阳光谱中的暗线。他开发了一种叫作光谱仪的工具，用来测量光谱中暗线的位置和波长。

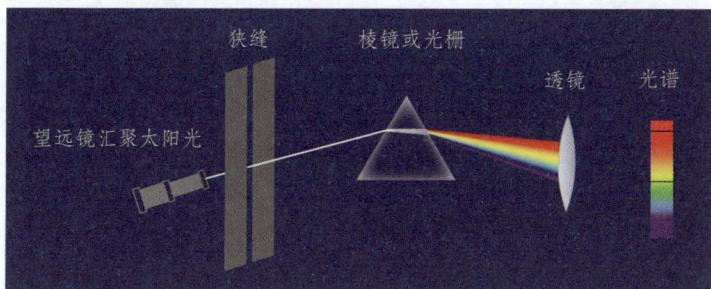

光谱仪构造原理示意图

大家还记得牛顿为什么要发明反射式望远镜吗？就是因为折射式望远镜有无法避免的色差，也就是色散现象，使得成像模糊，反射式望远镜巧妙避免了色差，让成像更清晰。而光谱仪，却是刻意"放大"了色散效果（比如让入射光先通过狭缝，狭缝的宽度越窄，彩色带越展开），因为这时好奇的科学家们关注的不是"图像的清晰或模糊"了，而是想要找出藏在这些彩色带中的条纹的秘密。

1814—1815年，夫琅禾费用他制作的光谱仪观测了500多条太阳光谱中的暗线，后来人们称这些谱线为**夫琅禾费线**。当时摄影术还没有被发明，观察记录主要依靠文字和绘画。直到20世纪摄影术得到了进一步的发展后，大规模地记录恒星光谱才成为可能。

1821年，夫琅禾费用光栅代替棱镜，进一步提高了光谱仪的分辨率。他还观测了天狼星等明亮恒星的光谱，发现这些恒星的光谱跟太阳的光谱不一样。

夫琅禾费虽然观测记录了太阳光谱中500多条暗线，但他也不知道这些暗线和什么有关。暗线的形成原因是德国科学家基尔霍夫和本生发现的。

有一次二人合作研究食盐灼烧的光谱。本生先用一根白金丝沾了一小粒食盐，送进下图中的灯焰（a），基尔霍夫通过窥镜（e）观察灯焰的光谱，只看到黑色背景上的两条明亮的黄线。本生接着又放入其他类型的钠盐，比如苏打（碳酸钠）、硫酸钠、硝酸钠，它们的光谱全都一样，还是只有两条明亮的黄线，并且总是出现在同一位置。

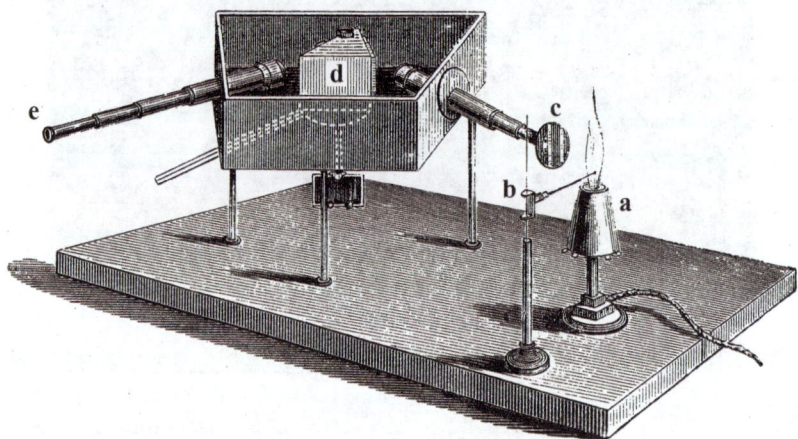

本生和基尔霍夫发明的光谱仪

他们做了一系列实验后发现，每一种元素都只能发出某些特殊波长的光，形成线状的**特征谱线**，不管它们以单质还是化合物形态存在，每一种元素的谱线都是固定不变的，都有属于自己的唯一"条码"，这相当于各元素有了自己的"身份证"。这样就可以通过光谱特征来鉴别物质的化学组成，这种方法叫作**光谱分析法**。

基尔霍夫和本生采用光谱分析法，在矿泉水中发现了一种新的元素——"铯"，后来又在云母矿中发现了新元素——"铷"。无论是化学家、物理学家，还是天文学家，都将光谱分析作为重要的研究手段。

基尔霍夫研究了太阳光谱的夫琅禾费线，提出了基尔霍夫光谱学三定律。

（1）固体、液体和稠密气体在所有波长下辐射连续光谱。

（2）稀薄气体在特定波长下产生发射光谱，每一条特征谱线对应光的波长。

（3）当连续光谱通过稀薄气体时，稀薄气体会吸收该元素的特征谱线，得到一条吸收光谱。

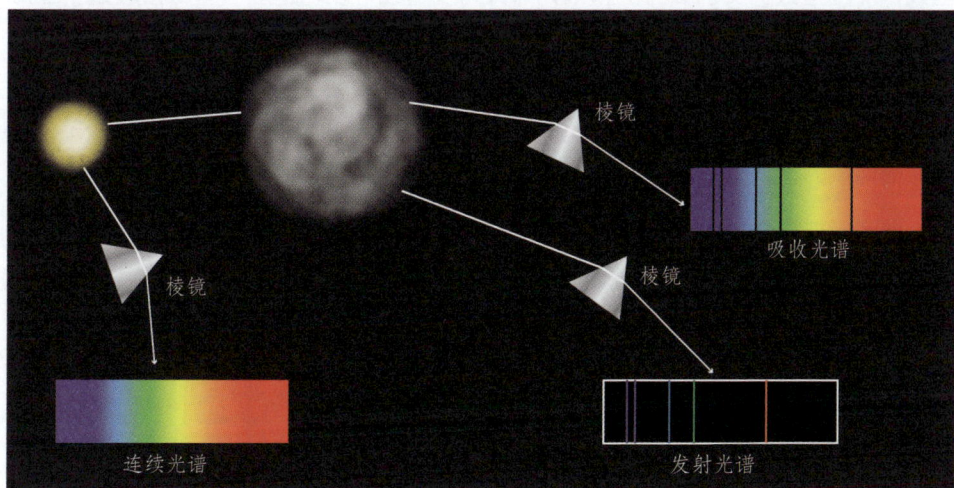

基尔霍夫光谱学三定律：连续光谱，吸收光谱，发射光谱

由此看来，夫琅禾费线就是太阳光透过太阳外围的大气层后形成的"吸收光谱"。吸收光谱的暗线和发射光谱的明线位置是一样的。基尔霍夫查找了500多条夫琅禾费线，辨认出30多种地球上也存在的元素。从此，光谱分析法让人们解锁了一种洞悉遥远天体成分的新技能。

5.3 光谱揭示星光的秘密

还记得夫琅禾费发现天狼星等恒星的光谱和太阳的光谱不同吗？可惜，夫琅禾

费没有继续深入研究下去，他的日常工作是制造优质的光学镜片和望远镜。长期接触化学毒物损害了他的健康，他不到40岁就病逝了。

基尔霍夫和本生创立的光谱分析法是元素检测的"利器"，很快就引起了化学家、物理学家和天文学家的关注。其中，自学成才的天文爱好者威廉·哈金斯就是其中一位。

1862—1864年，威廉·哈金斯观测了几个星云的光谱，根据观测到的光谱类型大致推测星云的类别。有的星云光谱只有发射线，表明这些"星云"应是一些热的稀薄气体，根据发射线的位置还能推知气体的成分；还有的漩涡状"星云"光谱为黯淡的连续光谱，像是很多类似太阳的光谱混合在一起，这些漩涡状"星云"是类似银河系的星系吗？当时人们能观测到的天体都在银河系内，还无法回答。至少，哈金斯的发现为后来人发现漩涡状"星云"的本质铺平了道路（此处的"星云"，在后来被确认是星系，也就是许多恒星和星际尘埃的集合）。

1879年，英国人亨利·德雷珀在哈金斯的建议下，使用感光更快的溴化银明胶干板，开始了大规模的记录恒星光谱的工作。他获得了100多幅有关恒星、行星、一颗彗星以及猎户座大星云的光谱图像。只可惜，德雷珀英年早逝，没来得及对收集到的光谱进行分类。德雷珀的遗孀将它们捐给了哈佛大学天文台，并向其捐资，让他们继续光谱收集和分类工作。

进入20世纪后，望远镜和摄影术得到了进一步的发展，到20世纪20年代，亨利·德雷珀星表（缩写为HD）包含了超过20万颗恒星的光谱及其分类。在没有计算机的年代，整理分类完全依靠人工完成，这是一项巨大的工程，这项工程的幕后功臣是一群默默无闻的女天文学家（《宇宙探秘历险记：外太空的征程》中会提到她们的故事）。

哈金斯把光谱分析法用于恒星等天体的研究

亨利·德雷珀星表

哈佛天文台编纂出版

| 1800年 | 1814年 | 1821年 | 1859年 | 1864年 | 1879年 | 20世纪20年代 |

赫歇尔发现红外线

夫琅禾费发现太阳光谱暗线

夫琅禾费发现其他恒星光谱

基尔霍夫、本生创立光谱分析法

德雷珀用摄影术记录恒星等天体的光谱

光谱学发展时间轴

5.4 光谱的多普勒效应

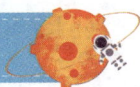

光谱分析法让人们对恒星的了解更加深入。光谱不但可以揭示遥远天体的化学成分，利用光谱的多普勒效应还可以测量天体相对地球的运动速度（即视向速度），帮助我们了解天体的运动模式。

声波的多普勒效应在生活中很常见，当救护车向我们驶来，鸣笛声听起来更尖锐，频率更高；当救护车远离我们而去，鸣笛声听起来更低沉，频率更低。

1842年，奥地利数学家、物理学家多普勒在铁路边散步时注意到火车鸣笛声的变化，提出了**多普勒效应理论——当波源与观测者发生相对运动时，观测到的波的频率会发生变化**。据此他预言双星的相对运动会导致星光的颜色变化，可惜这一现象在当时未被观测到。虽然多普勒效应对双星颜色的影响难以通过仪器直接观测，但它催生出了一套测量速度的技术，现在道路旁的测速仪就是基于多普勒效应设计的。

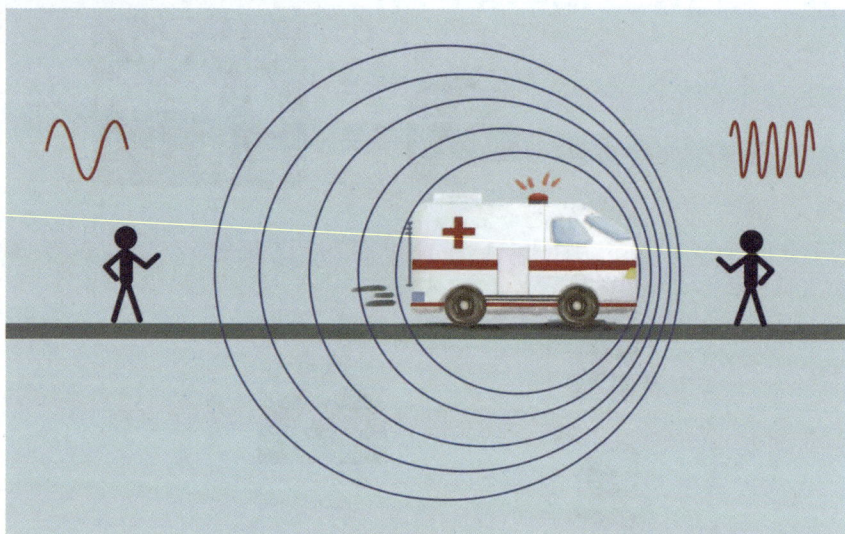

声波的多普勒效应

尽管双星的运动对星光颜色的影响微乎其微，但是，它们光谱的多普勒效应却是可以被观测到的。**当天体远离观测者而去，谱线向红端移动（红移）；当天体朝向观测者而来，谱线向蓝端移动（蓝移），这就是光谱的多普勒效应。**

远离观测者而去的天体，谱线向红端移动

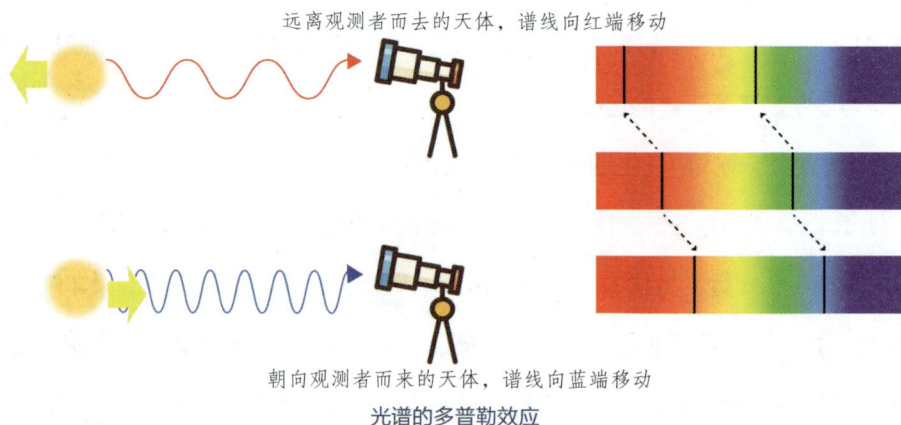

朝向观测者而来的天体，谱线向蓝端移动

光谱的多普勒效应

反过来，天文学家可以通过观测星体谱线是红移还是蓝移，判断星体是远离我们还是靠近我们。

通过持续观测一颗恒星的光谱，如果发现其谱线周期性呈现为红移和蓝移交替变化，天文学家就可以推测该恒星在做类似圆周运动。

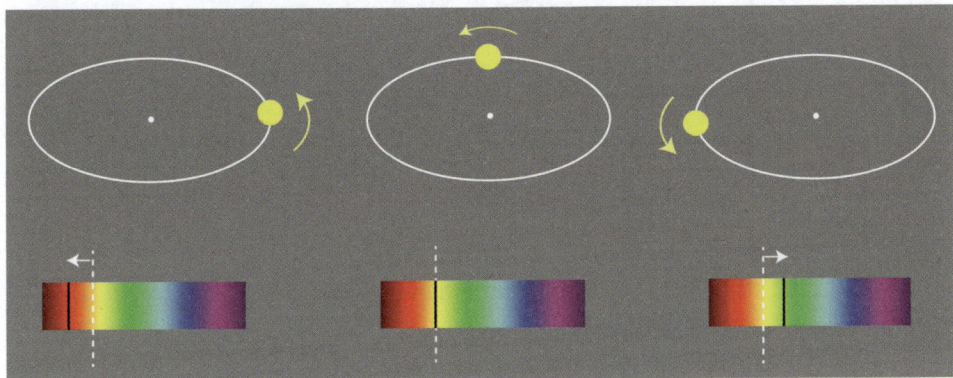

做圆周运动的天体，其光谱的多普勒效应

20世纪20年代，埃德温·哈勃在发现了河外星系后，系统性地对这些星系进行了预测与研究。他通过测量它们之间的距离，进行光谱分类。他观测了20多个星系光谱的多普勒效应，发现**大部分星系的光谱是红移的**，而且**越远的星系，红移量越大**。这就是赫赫有名的哈勃－勒梅特定律。

$V=HD$（V是天体退行视向速度，D是距离，H是哈勃常数）

应用哈勃－勒梅特定律可以推算更遥远天体的距离，只要测出天体光谱的红移量，将红移量转换成天体退行视向速度V，由哈勃－勒梅特定律公式就可以计算出天体的距离$D=V/H$。这种测量天体距离的方法称为**哈勃红移测距法**。

测量天体距离的几种方法（测量的范围从近到远）

（1）电磁波测距法。用激光、无线电波对准目标，测量往返的时间t，光速为c，距离$=ct/2$。

（2）三角视差测距法。在相隔半年的两个时间点，从地球上观测某颗恒星的位置，根据观测得到的视差角，计算距离。

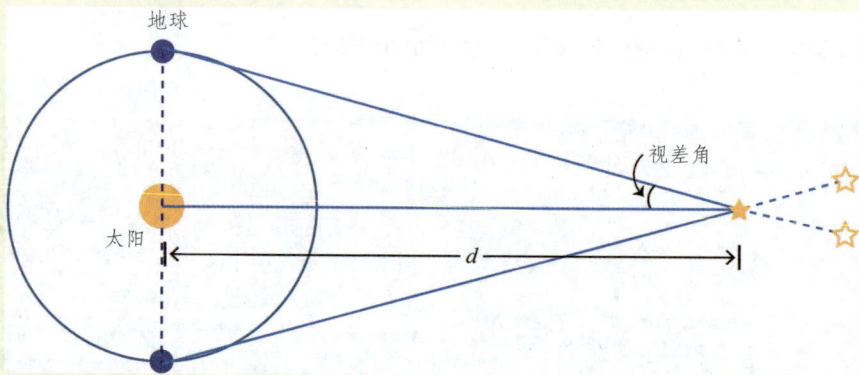

用三角视差测距法测量恒星距离

（3）造父变星测距法。造父变星的绝对光度呈周期性变化，距离越远，表观亮度越暗，人们通过观测表观亮度的周期性变化，可以得知它的绝对光度，对比绝对光度和表观亮度，从而算出距离。（第四章小课堂介绍哈勃发现河外星系时提到过造父变星测距法。）

（4）哈勃红移测距法。宇宙在膨胀，河外星系退行视向速度与距离成正比，人们通过观测天体光谱的红移量，将其换算成退行视向速度，进而计算出距离。

最后，我们要介绍一种神秘的天体——类星体，它的发现也和光谱的多普勒效应有关联。

1960年，美国天文学家艾伦·桑德奇使用一台5米口径的光学望远镜，找到了剑桥射电源第三星表上第48号天体（3C 48）的光学对应体。他发现3C 48的光谱中，在一个奇怪的位置上有一些又宽又亮的发射线。后来人们在射电源第三星表的若干未知无线电波源位置都发现了类似的光学对应体。

这种新的天体被命名为类星体（意为类似恒星的射电源）。它们发出无线电波，似星系又不是星系；它们非常亮，在光学望远镜中是一个光点，似恒星又不是恒星；它们的光谱包含连续谱和强烈的发射线。谱线看起来很陌生，与已知的元素谱线都不一样，这些谱线究竟对应什么元素呢？

1963年，荷兰裔美国天文学家马丁·施密特找到了答案，他发现这些发射线实际上是人们早已熟知的氢的发射线，只不过朝着红光的方向移动了"相当长"的一段距离，也就是说它们具有非常大的红移，使得谱线难以被辨认。

为什么类星体的红移这么大呢？

一般认为，红移的来源有三种，即哈勃红移、引力红移、局部红移。按哈勃红移计算，类星体距离我们非常遥远，同时它又显得这么亮，如此巨大的能量来自哪里？目前，科学界认为，类星体的中心是一个超大质量黑洞，不断吞噬周围的物质，在周围形成吸积盘。随着物质掉入黑洞，在吸积盘平面垂直方向形成巨大喷流，释放大量的X射线和伽马射线。从其中黑洞"火爆"的表现来看，类星体可能诞生于宇宙早期，研究类星体可以帮助我们了解星系结构的形成和演化。

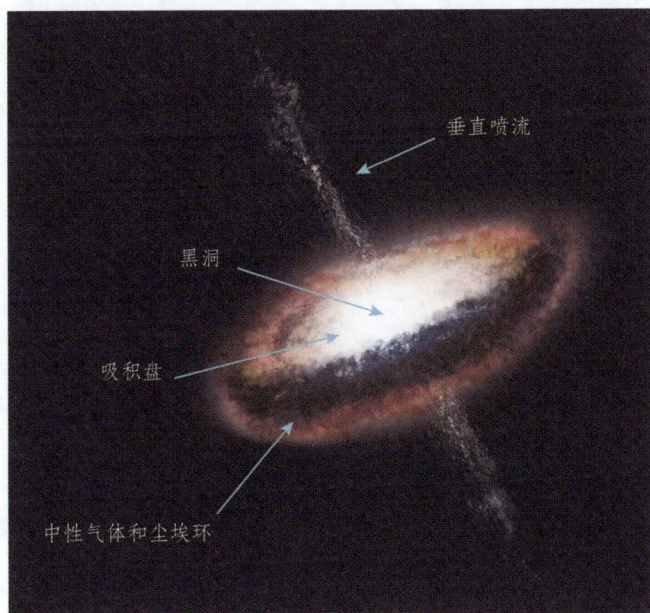

类星体

志愿者哥哥蔡知的午餐小课堂一直持续到了下午茶时间，为了帮阿亮、小酷、甜甜他们弄明白光谱及其多普勒效应，蔡知还带着他们重新参观了"宇宙"和"征程"展区，以便了解更多的细节。

小酷有点不好意思地说："之前走马观花，很多信息都被忽略了，听了蔡老师的讲解，才觉得这么有意思。"

蔡知笑笑说："展板上字太多，一时看不过来也是正常的，提升观众的观展体验是讲解服务的核心目标啊。"

大家都表示，以后还要来天文馆学习，每次都有新收获。

我们知道的越多，就会发现自己不知道的就越多。探索永无止境。

现在，你们对光谱这位"宇宙使者"熟悉了吗？准备好了吗？和阿亮、小酷、甜甜一起继续探索吧！

Chapter 06
第六章
哈勃的考验：寻找黑洞

"我当时站在'征程'的空中长廊回望地球，地球就是一个'暗淡蓝点'，真的太酷了。"小酷刚走进多媒体教室，就听到阿亮正兴致勃勃地向同学们分享上周六在天文馆的奇妙见闻。

"嗨，小酷。"一旁的甜甜正在和蒋老师低头说着什么，看到小酷走进来，向他挥了挥手说。

"蒋老师好，你们在讨论什么呢？"小酷放下书包，问道。

"我们在讨论2019年人类给黑洞拍的第一张照片，你知道吧？"蒋老师说。

"我当然知道了，2019年4月10日晚上9点，我和我爸一起在计算机前蹲守，就为了能第一时间看到照片。"小酷说。

"哇，你连日期都记得这么清楚。"蒋老师惊叹道。

"因为那天是他的生日。"甜甜说，"我们晚上还一起吃了比萨为他庆祝呢。"

"那你和这个黑洞还真是有缘分呀。"蒋老师真诚地说道。小酷听完后，露出了害羞的神情。

科学课时间到了，蒋老师拿出VR眼镜，三人轻车熟路地戴上设备。

"今天的课程内容与你们上周在天文馆参观的内容有关，我想你们进去以后一定不会陌生的。甜甜，我和研发团队反馈了你的建议，今天你可以和剧情里的人物尽情交流。探索者小队，出发吧！"说完，蒋老师按下了游戏开始的按钮，三人只觉眼前一"黑"，游戏开始了。

"哇！"刚进入场景，阿亮就忍不住感叹道。

他们正身处于一个天文台中，里面的空间很大，也很开阔，正中是一个架在悬臂上的巨大金属罐状物，正泛着冷冷的光。顺着墙边的楼梯可以到达第二层，有悬空的走廊通向大厅中央的操作间。天花板是穹隆式的，从中间分开，仰头望去，可以看到天空。

游戏画面场景——威尔逊山天文台

"真壮观啊！"阿亮看着面前的大家伙说道，他忍不住又发出了感叹。

"这是胡克望远镜，口径2.5米，目前世界最大的望远镜。"一个男人的声音从他们背后响起，阿亮转过身，一个眼神深邃的男子吸着烟斗站在他身后。男子的眉毛又粗又密，嘴角略微下垂，散发出冷峻坚毅的气质。阿亮等三人愣住了，男子温和地说："我是埃德温·哈勃，欢迎你们来到威尔逊山天文台。"

埃德温·哈勃！星系天文学之父、河外宇宙学的奠基者、鼎鼎大名的哈勃－勒梅特定律发现者之一、哈勃望远镜的命名者！没想到这个伟大的人物就在他们面前，还跟他们说话了！

"哈……哈勃教授您好，我是甜甜，这是我的朋友小酷和阿亮。我们……我们对天文知识很感兴趣。"甜甜努力让自己镇定下来，可一开口，声音仍止不住地颤抖。

哈勃对他们非常亲切，仿佛知道他们今天会造访这里。他指着巨大的金属罐状物向几位小访客介绍道："胡克望远镜属于反射式望远镜，建成于 1917 年，它是目前世界上最大的望远镜，但是运行很稳定，因为它的液压系统中使用的是液态水银。"

威尔逊山天文台

"液压系统是什么？"甜甜问道。

哈勃很负责任地解释道："液压系统主要指液态传动系统，它有体积小、重量轻、精度高、响应快等优点——别碰！"阿亮讪讪地收回手，哈勃继续说，"它的缺点是对温度变化比较敏感，而且抗污染能力比较差，里面的水银也有泄漏的隐患。"

三个小伙伴赶紧一起把双手乖乖地背在身后，生怕酿成什么科学事故。

"迈克尔逊前不久才给它安装了一架干涉仪，这也是光学装置首次在天文学中得到应用呢！"哈勃接着说。

"那个……"甜甜小声提问，"请问干涉仪是做什么用的？"

"有了干涉仪，就可以精确地测量恒星的大小和距离了。"哈勃言简意赅地回答。

阿亮望着胡克望远镜，想起了上周蔡知哥哥给他们科普的望远镜知识，他小声地对小伙伴们说："当年罗素就是用它制定了恒星分类吗？"

"是啊，"小酷说，"哈勃也是用它观测宇宙，用测量的数据支持了他的宇宙膨胀理论的。"

"真了不起！"阿亮感慨道，他久久地仰头注视着胡克望远镜，看到那个大家伙也泛着幽幽的冷光，注视着无垠的宇宙。

不知不觉中，场景逐渐变暗，哈勃和胡克望远镜消失在黑暗中。他们又回到了游戏开始的黑暗中。

"发生了什么？系统故障吗？"阿亮紧张地伸手到处乱摸，他的手突然被一只温暖的手握住，是小酷的手。阿亮立即感觉安心多了。

黑暗中先是出现了几个一闪一闪的光点，然后光点多了起来，四处飞舞，好像是一群泛着光的小精灵。

光点们先是组成了"你好，欢迎来到光的世界"几个汉字，然后阵形变换，又组成新的一行字"请仔细观察，这是你们本关的通关线索"。阿亮屏住呼吸，他感觉到小酷的手也握得稍重了一些。

游戏画面场景——光点们组成的"你好欢迎来到光的世界"

就像团体操表演，光点们再次散开，然后摆出了一个动物的形象：它身形如牛，四肢健壮，一对犄角却似山羊，它的嘴几乎占据了它的整张脸，浑身的毛发随着呼吸微微飘动。这个"怪物"张开嘴，将剩下的光点们统统吸进了肚子里，它在黑暗中腾挪跳跃，好像要说些什么，却只发出了婴儿啼哭的声音。最后它望了三人一眼，转头向远方奔去，逐渐消失在远方。

游戏画面场景——光点们组成的动物形象

"这是什么线索？"阿亮完全糊涂地问道，这个"怪物"和哈勃有什么关系？

有幸逃脱的光点们从四周向中央聚拢，组成了两行文字：

请根据我们的谜面猜出今天游戏关卡的主角

并且试着找到它！

定格了几秒后，光点们散开，淡去，黑暗也逐渐褪去，像巨大的幕布被重新拉开。当大家习惯了眼前的光线后，他们发现又回到了天文台的场景，这次是在哈勃的办公室里。

哈勃正站在一块黑板前，用粉笔画着什么。三个小伙伴蹑手蹑脚地走过去，哈勃似乎也没有注意到他们。

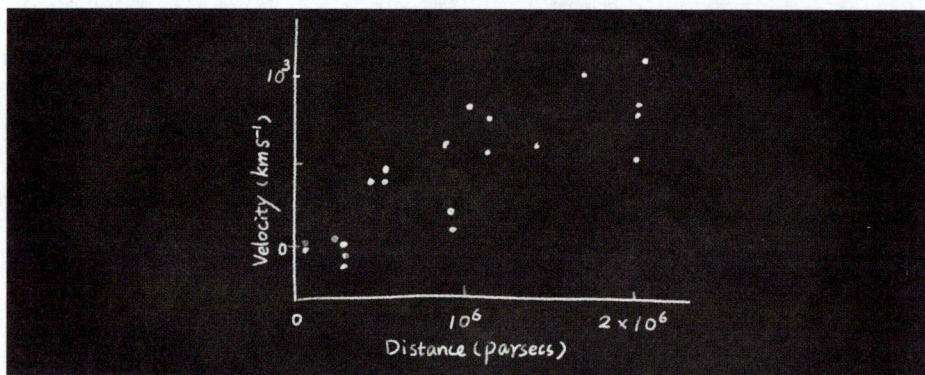

哈勃的黑板

"哈勃教授在算什么？"甜甜小声地问小酷和阿亮。

"我也不知道。"阿亮也悄悄地说。

"横坐标是距离，纵坐标是速度……根据这条线，速度……随着距离……的增加……而增加……"小酷努力地解读着。

"谁的速度？谁和谁的距离？"阿亮追问。

哈勃完全没注意到阿亮，他喃喃自语道："速度，指的是星星远离我们的速度；距离，指的是星星和我们的距离。也就是说离我们越远的星星，向外跑得越快……所以，这说明……"

"我明白了！"哈勃忽然激动地大喊，吓了他们一跳。哈勃忽然转身，一阵风似地跑了出去，小酷他们赶紧跟上。哈勃快步走下长长的楼梯，绕过胡克望远镜，越走越快，最后跑出了天文台。

"他这是怎么了？他最后那段话什么意思？"阿亮丈二和尚摸不着头脑地问道。

"星星远离我们的速度，随着星星和我们距离的增加而增加……"小酷重复着哈勃的话，目不转睛地看着黑板上的粉笔线稿，"这说明……"

"宇宙在膨胀！"三人同时喊了出来。

"是哈勃-勒梅特定律！"阿亮想起上节课蒋老师给他们科普的内容，"怪不得他这么激动，他一定是要把这个发现告诉其他人。"

"我们又见证了一个伟大时刻。"甜甜难得俏皮了一回地说道。

"对了，我们刚才在黑暗里见到的那个"怪物"是什么？系统说它是一个线索，我们要根据它的提示找到本关的游戏主角。"

"对啊，那是个什么东西，长得奇奇怪怪的。"阿亮抱怨道。

"羊身人面，目在腋下，这是饕餮！"甜甜想起她在上海博物馆见过的大克鼎，圆滚滚的大鼎由三只粗壮的蹄形足支撑，足上装饰的高浮雕纹饰便是饕餮纹，说道，"饕餮是贪欲的象征，它非常贪吃。饕餮纹的玉佩还被认为有招财、守财的功能。"

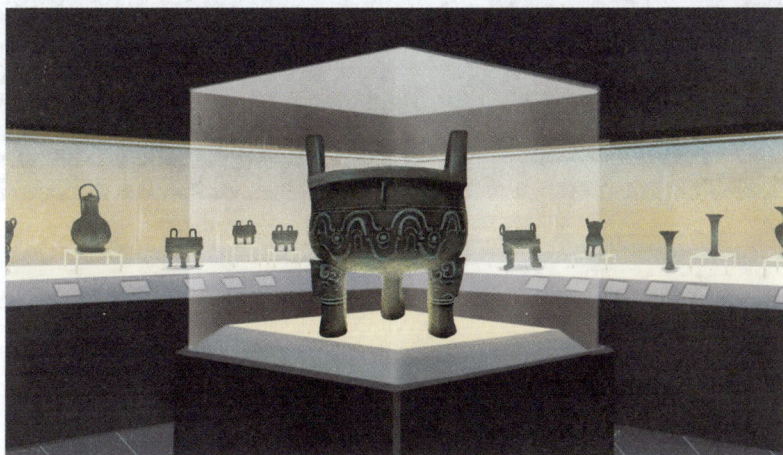

大克鼎（上海博物馆）

"那饕餮代表了什么？"阿亮还是不理解地问道。

小酷和甜甜也陷入了苦思，这个来自《山海经》的贪吃怪兽，会和天上的星星产生什么样的关联呢？

"房间里有什么？"阿亮发现哈勃的办公室忽然发出了闪烁的光后问道。

三人走回房间，被眼前的景象惊呆了。哈勃的办公室已经完全变了样子，准确地说，它已经不是一个房间了。除了黑板的位置保留着一块巨大的屏幕和操作台，其他地方都变成了黑色的夜空，甜甜回头一看，"门"也消失了，他们被困在一片黑暗中。

"这是哪儿？"

"好黑！"

"哎哟，谁踩我？"

游戏画面场景——小酷、甜甜和阿亮处于一片黑暗中

忽然，大屏幕亮了起来，就像夜空放晴，星光璀璨。三人被屏幕的亮光吸引了过去，站在操作台前。操作台上有一个操纵杆和一些按钮。屏幕上，星星一闪一闪地眨着眼睛。

"这就是游戏的挑战？"甜甜说完就向前一步，按下了操作台上的红色按钮。

"目标错误。"警告音响起，吓了甜甜一跳。

忽然，屏幕上的星星转了起来，这次是阿亮忍不住按了某个按钮，使得屏幕上的视野整体移动了。

"至少没有报错警示。这些按钮是不是能控制屏幕里的星空？再试试其他的。"小酷看到阿亮按了按钮之后说道，他建议大家大胆尝试。

甜甜试着按了下其他的按钮，果然摸索出了按钮具有的相应功能，当她按下上下左右的光标的时候，屏幕上的星空也上下左右地移动，这样他们就可以看到更多的星星。

"试试看能不能往前走或者往后走。"小酷想起了自己在家玩的探险游戏，说出了进一步的建议。

甜甜试了试操纵杆，果然，操纵杆向前推的时候，星星开始向他们的方向飞来，他们就可以看到前方更多的星星，而当她往后拉操纵杆的时候，星星没有后退，却在屏幕中的恒星下方，展示出了一段段彩虹色的"条形码"。

游戏画面场景——小酷、甜甜和阿亮他们利用操作台控制屏幕里的星空

"这是什么？"阿亮感觉这"条形码"似曾相识便问道。

"这是恒星的光谱啊！"甜甜激动地说，"咱们在天文馆不是看到过吗，蒋老师也给我们讲过。所以我们是要搜寻某个特别的星球吗？"

"有可能。"小酷说道，他倒没有那么激动，他发现，恒星的光谱不是静止的，其中的暗线条纹都在微微地"抖动"着，而且多数是向红端移动，少数向蓝端移动。结合上周六蔡知哥哥在天文馆给他们讲的内容。他做出了一个大胆猜测，屏幕中的大多数星星正在远离他们。

"星空……饕餮……光谱线……"小酷嘴里说着，便陷入了沉思，这几样东西能产生什么样的联系呢？

"饕餮……会不会是指黑洞？"甜甜忽然说道，她想到天体中具有"贪吃"特性的，也就只有黑洞了。

"我觉得有道理。"阿亮赞同道，小酷也点了点头。

"那我们怎么找到黑洞？"甜甜问道。主角暂定，接下来是如何找到它。

"利用光谱的多普勒效应。"小酷说，"上节课蔡知哥哥说过了，可以通过光谱的多普勒效应反推天体的运行模式。黑洞附近的恒星，受到黑洞的牵引，会围绕黑洞运行，从地球上看，这颗恒星就像在跳华尔兹，它时而靠近我们，时而远离我们。如果我们找到跳华尔兹的恒星，同时又看不到它的舞伴，就可以断定，这个看不见的舞伴就是黑洞。"

"那我们只要观察哪些星星的谱线时而向红端移动，时而向蓝端移动，就能在附近找到黑洞了！"阿亮理解得很快，便说道。

"没错，那咱们赶紧开始找吧！"思路已经理清，甜甜激动地说。

很快，甜甜就发现了一颗符合条件的恒星，在小酷和阿亮的紧张注视下，甜甜冷静地操作，一点一点地放大，这颗恒星的神秘面纱正一步步被揭开。最后，呈现在他们眼前的是一张三维模拟动画：一颗明亮的星星绕着圈运动，中间却是黑的，最后，中心的地方缓缓浮出一行字"黑洞X"。

游戏画面场景——屏幕上浮现出的"黑洞X"

"任务完成！"系统音响起。

眼前的屏幕和操作台逐渐消失了，三人明白，今天的游戏时间又结束了。三人摘下VR眼镜，看到蒋老师站在他们面前。

"恭喜你们找到了黑洞！"蒋老师说道，"起初我还担心，这一关任务对你们来说会不会太难了。"

小酷说："多亏蔡知哥哥给我们讲了好多光谱知识，还有多普勒效应，今天都用上了。"

"感觉冥冥之中有条线索在指引我们，幸福来得太快了！"阿亮感慨道，"蒋老师，科学家们也是这么寻找黑洞的吗？"

蒋老师笑笑说："你们通过伴星运动来发现黑洞，科学家们也是这么做的。他们长期观测银河系中心的恒星发现，这些恒星的轨道都绕开了一个区域，仿佛被一个看不见的天体牵引，于是猜测，银河系中心可能存在着黑洞。计算推测，银河系中心的这个黑洞的质量相当于400万个太阳的质量。"

"哇！"孩子们惊叹道。

甜甜问："蒋老师，我们找到的这个黑洞有多大啊？"

"游戏中这个黑洞是虚构出来。"蒋老师有点冒冷汗地说道，学生的问题让她有点猝不及防。气氛突然有点安静，蒋老师捕捉到了学生流露出的失望神情，她马上开始新的话题："你们知道人类发现的第一个黑洞是什么样的吗？"学生们的眼睛又亮了起来，蒋老师接着说下去。

"它叫天鹅座X–1，是通过X射线发现的。它位于6000光年以外的天鹅座方向，是一个由两个天体组成的双星系统，主星是一颗质量极大的恒星，质量超过了太阳质量的30倍，直径超过2500万千米，就是一颗蓝超巨星！"

三人专心在听，蒋老师接着说："在它附近还有一个直径为10千米左右的小天体，这个小天体发射出极其明亮的光芒，很容易让人观测到。接着科学家们还测出这个小天体的质量约是太阳质量的9倍。"

"9倍！"甜甜发出惊呼，"一个直径约10千米的小天体，质量居然差不多是太阳质量的9倍！它是黑洞吧！"只需要简单进行除法计算，就可以知道它的密度非常之大。

"可是……黑洞不是不发光的吗？"阿亮疑惑地说，"可蒋老师刚才说过，这个小天体非常明亮！我快被搅晕了。"

"这我好像知道……"小酷慢吞吞地开口道，"黑洞发光，只有一种情况，就是它在吞噬物质。"

蒋老师点了点头，肯定了小酷的说法后，继续说道："这个小黑洞在吞噬旁边的蓝超巨星时，物质因为受到黑洞引力的影响，在黑洞旁边以极高的速度运动——你们知道摩擦生热吧？"

三人全部都点了头，蒋老师才接着说："这些物质在黑洞周围以极高的速度运动，物质之间的摩擦就产生了高温和宇宙射线。"

"就是吸积盘？"小酷说。

"没错！"蒋老师给了小酷一个鼓励的眼神，继续说道："吸积盘越明亮，就说明黑洞正在吞噬的物质的质量就越大。"

"如果黑洞旁边的东西，都被它吞噬完了怎么办？"甜甜小心地问道。

"那它就会彻底陷入黑暗，变得完全不可见了。"蒋老师耸了耸肩，说："同学们，该下课啦！讲完了黑洞的内容，咱们在'地球上'的课程就告一段落了，下周'太空'见啦！"

"哇！"三人齐声欢呼，探索者小队，终于要冲出地球，飞向太空啦！

天鹅座X-1正在吞噬旁边的蓝超巨星

小酷的日记

第一张黑洞照片

2019年4月10日 星期三 晴

今天是我的生日，晚餐我请阿亮和甜甜去必胜客吃了披萨，这家的鸡翅太好吃啦！不过，我的心里还记挂着另一件大事：今天要发布人类给黑洞拍摄的第一张照片！所以吃完必胜客，我赶紧回到了家。

小酷临摹的三人吃披萨场景

我问爸爸，以前人类就从来没有给黑洞拍过照片吗？我们在电影里看到的黑洞的影像，是黑洞真实的样子？还是人们的想象？

爸爸查阅了网上的资料，告诉我以前的图片要么是数字模拟的，要么是科幻电影的场景，总之都来自人们的想象。因为黑洞的引力太大了，连光都无法逃脱，所以还没人见过真正的黑洞。不过，这次科学家们通过观测黑洞周围的亮光，拍摄到了黑洞的剪影。

小酷临摹的1979年《黑洞》电影中黑洞的画面

小酷临摹的1997年《黑洞表面》电影中黑洞的画面

爸爸还告诉我，为了拍到黑洞的形迹，科学家们用了8台分布在全球的射电望远镜，模拟出一台口径为地球直径大小的巨型望远镜——太酷了！

不过，当我看到黑洞照片的时候，我有点失望，一点也不震撼，倒是有点儿像《魔戒》里索伦的眼睛。

小酷临摹的2014《星际穿越》电影中黑洞的画面

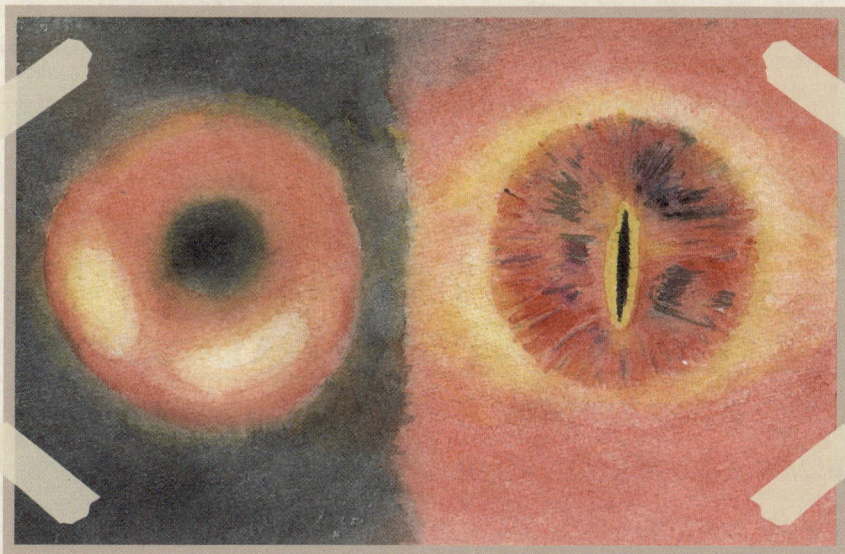

小酷的画，左边是黑洞照片，右边是《魔戒》中索伦的眼睛

爸爸告诉我，不要小瞧了这张照片，它可是前沿科学的结晶，凝聚了科学家们数年的心血。也许，科学和我们想象的不太一样，不过，还是很期待人们在宇宙探索的道路上取得的一个又一个的进展！

蒋老师的黑洞小课堂

蒋老师的课堂开场白：上一章志愿者哥哥蔡知的午餐小课堂结尾，提到了类星体中央可能存在一个超大质量黑洞，而且它的脾气很"火爆"，贪婪地吞噬着周围的物质并向外喷射大量的高能射线。

黑洞是什么？黑洞有大小吗？它像饕餮一样会吞噬一切吗？黑洞能装下整个宇宙吗？

这一章，我们来了解一下黑洞。

6.1　初识黑洞

黑洞这个概念的提出可以回溯到1783年，威廉·赫歇尔的朋友米歇尔提出了一个"设想"，如果一颗恒星具有足够大的质量和极高密度，它的引力场会非常强大，任何从恒星表面发出的光还没到达远处，就会被恒星的引力场全部拉回。从它那里发出的光不会到达地球，我们也就看不到它，米歇尔称其为"暗星"。这跟我们现在说的黑洞非常接近了。黑洞就是这样的天体，它的**引力**如此之大，以至于**光**都无法逃脱它的吸引。

光会被引力吸引？这太令人费解了。引力是什么？引力为什么会对光产生影响呢？在1915年爱因斯坦提出广义相对论之前，人们也无法给出合理的解释。看来我们不得不暂停探索黑洞的脚步，先了解一下广义相对论，再认识引力。

对引力的理解，有两种观点。

牛顿的万有引力定律认为，引力是物体与物体之间的相互作用。在物体运动速度远低于光速的情况下，万有引力定律就像它的名字一样，普适万物。

　　爱因斯坦的广义相对论认为，物体之间的引力并不是真实的力，物体扭曲了时空（时间和空间），反过来时空影响物体的运动，引力是时空的几何属性。

　　为方便理解爱因斯坦的观点，我们借用拉伸的橡皮膜来说明物体对空间的扭曲。下图中金黄的圆球代表太阳，旁边的是地球，网格橡皮膜表示空间。可以看到，橡皮膜上远离太阳的地方是平直的，靠近太阳的地方是扭曲的，地球附近的橡皮膜也有一些扭曲，但不如太阳附近橡皮膜扭曲得厉害。这就是物体对所在空间的扭曲现象。

　　物体对时间的扭曲用图片表示出来比较难，我们试着用时钟来说明。如果在橡皮膜的各个位置都放上一个时钟，在远离太阳和地球的平坦地方，各时钟指示的时间是一样的，走得快慢也一样；而位于太阳附近扭曲空间的时钟比远处平坦空间的时钟走得慢，位于地球附近扭曲得不那么厉害的地方的时钟也走得慢些，但位于太阳附近扭曲空间的时钟走得比位于地球附近扭曲得不那么厉害的地方的时钟更慢。

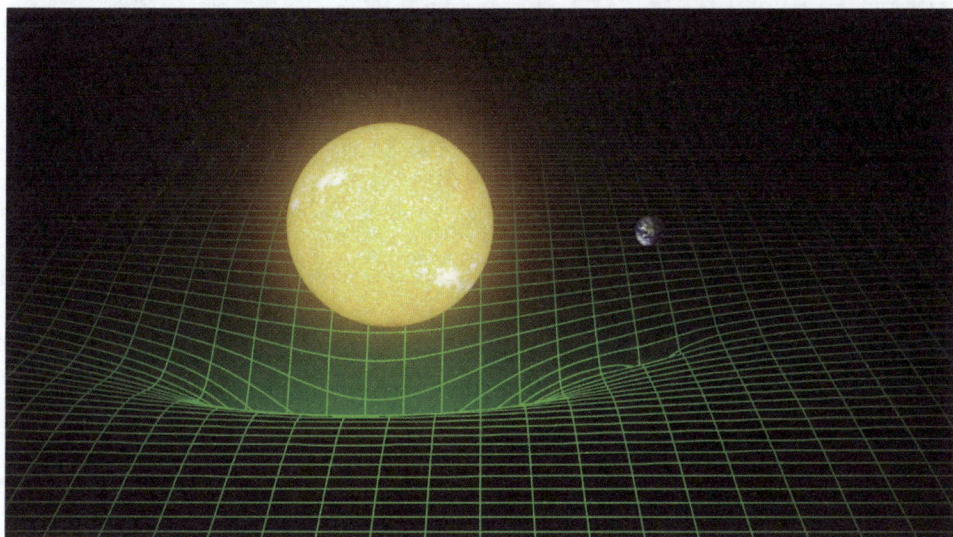

有质量的物体对空间的扭曲（图片来源：激光干涉引力波天文台，下文简称LIGO）

时空告诉物质如何运动，物质告诉时空如何弯曲。

——约翰·惠勒

　　爱因斯坦根据广义相对论预言了引力波的存在，100多年后，科学家们探测到了引力波信号。2017年的诺贝尔物理学奖就颁给了雷纳·韦斯、基普·索恩、巴里·巴里什三位科学家，以奖励他们在"LIGO探测器和引力波探测"上的贡献。两颗致密的天体（中子星、黑洞等）相互缠绕旋转，距离越来越近，速度越来越快，它们引起的时空弯曲以波的方式向四周传播，就像投入湖心的石子激起的涟漪。这种时空的涟漪就是引力波，它以光速传播。**时空可以被扭曲，光速不可被超越。**在牛顿的引力理论中，引力是瞬间发生的，无法用它来解释引力波的存在。

两个黑洞合并时引发的时空涟漪（图片来源：LIGO）

　　光在同一种介质中沿直线传播，这是光的基本性质。连接两个点A、B最短的线段是直线段。法国数学家费马提出了一条适用于所有光线的基本原理，即**费马最短时间原理，光线总是沿着用时最短的路线行进**。在同一种介质中，光速不变，走直线时所要花费的时间最少，费马最短时间原理可以解释光沿直线传播。

从费马最短时间原理的角度来理解，直线段正是连接两点之间最短的路径。当我们知道了时空有平直、扭曲之别后，可以想到，光沿直线传播的情况发生在平直时空。实际上，就算时空有轻微的扭曲，我们在生活中也察觉不到。在某些特殊的情况下，科学家们发现，当掠过太阳观测远处的恒星时，也就是太阳处于观测者和被观测恒星的连线上，这时恒星的"视位置"与"实际位置"存在一些偏差，就像人们看水里的鱼一样。我们知道水里的鱼，其视位置与实际位置不同是由光的折射作用导致的，在这里，光似乎发生了偏折。爱因斯坦的广义相对论解释说，在平直时空中，光沿直线传播，而在扭曲时空中，光的传播路径被扭曲了，它沿尽可能"直"的路线行进。

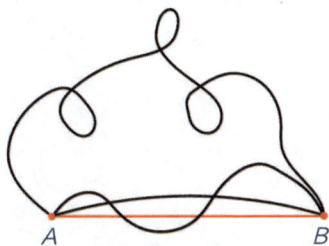

A、B两点之间的所有连线中，
直线段最短

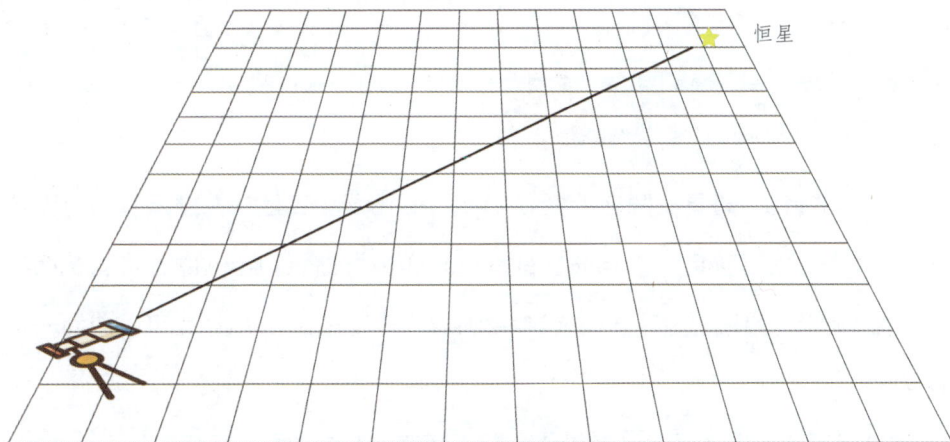

光在平直时空中沿直线传播

光"选择"什么样的最短路径取决于时空。在平直时空中，光沿"直线"传播。在扭曲时空中，受时空扭曲的影响，光的传播路径会发生偏折。

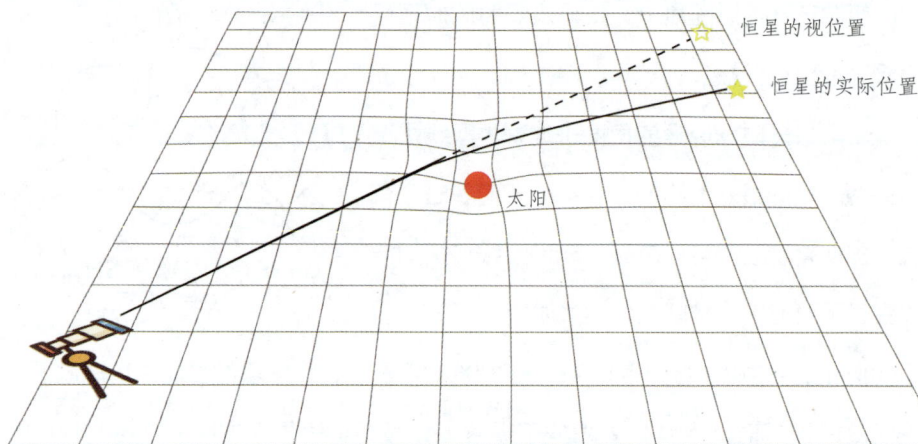

光在扭曲时空中的传播路径会发生偏折

当时空扭曲得越来越厉害，一定范围内的光将无法逃逸，仿佛被困在其中，这个范围称为**事件视界**，事件视界里面发生的事情外面观测不到。黑洞就是时空曲率（曲率是圆弧半径的倒数，用来描述扭曲的程度）大到光都无法从其事件视界逃逸的天体。

6.2　观测黑洞

米歇尔提出"暗星"概念后100多年，1916年史瓦西计算出黑洞的视界半径（也称为史瓦西半径），它与质量有关。比如与地球质量相当的黑洞的史瓦西半径只有9毫米，如果把地球压缩成半径为9毫米以内的球，地球也可以成为一个黑洞。

能被观测到的黑洞不会"默不作声"，它会和周围的物体、环境发生相互作用，向外发出信息。如果我们对黑洞有一定了解，就可以通过这些信息知道它在哪里，它长什么样子。

一个正在吞噬伴星物质的黑洞的引力很强，在其势力范围内，天体的尘埃、气体都会被它吸引。这些被吸引的物质盘旋在黑洞的周围，形成一个扁平的明亮的吸积盘，最终进入黑洞内部。进入黑洞的物质被撕碎，形成垂直于吸积盘平面的喷流。

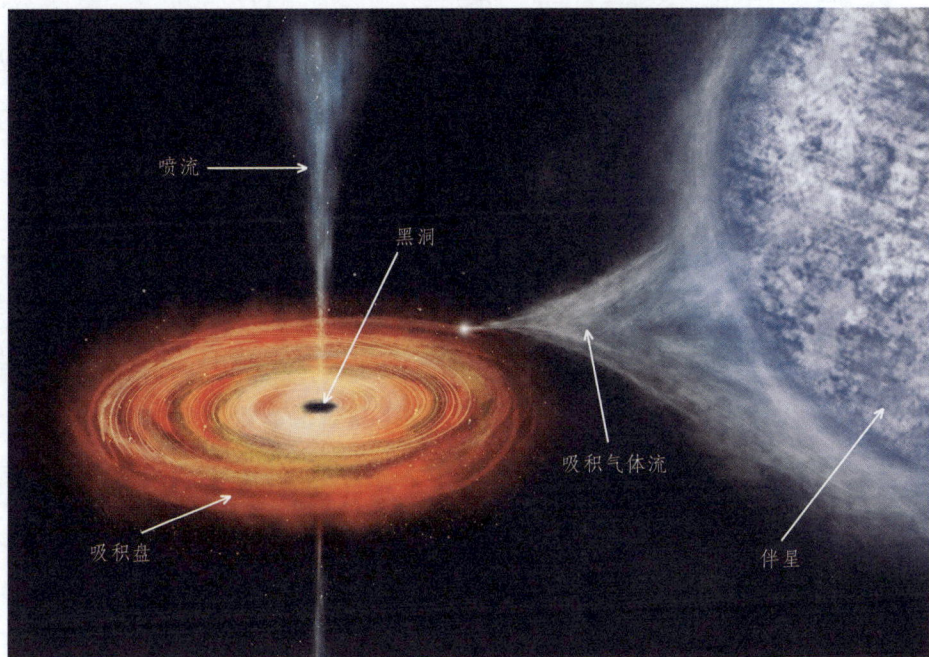

正在吞噬伴星的黑洞

　　虽然我们不能直接"看见"黑洞，但是可以利用黑洞对周围时空的影响、吸积盘、喷流等现象间接发现它的存在。大致来说，寻找黑洞的手段有4种，分别为X射线、引力波、伴星运动和引力透镜效应。

X射线

　　X射线是一种波长很短的电磁辐射，因为有着极强的穿透性，X射线常常被应用于医学诊断。当高速运动的电子撞到金属靶上，速度急剧减小，其损失的动能以光子形式放出，形成X射线光谱的连续部分；原子内部的电子从高能级向低能级跃迁也辐射出特定波长的光子，当能级差很大时，就会产生X射线波段的光子，形成

X射线光谱的特征线。

黑洞在吸引密近伴星物质的时候会喷射出高能量X射线和伽马射线。黑洞研究历史上著名的天鹅座X-1就是一个超强X射线源。

天鹅座X-1是位于天鹅座方向的双星系统，距离地球约7240光年，由一颗致密星（主星）和蓝超巨星（伴星）组成（蓝超巨星是恒星的一种）。在X射线波段下观测，蓝超巨星不见了，一个巨大的吸积盘显现出来，中心很明亮，表明那里的X射线很强。

20世纪70年代，霍金和索恩打了一个赌，关于这个致密天体是中子星还是黑洞，霍金认为是中子星，索恩认为是黑洞。后来的观测表明，该致密天体的质量相当于太阳质量的21倍，而中子星的最大质量不会超过太阳质量的3倍。其结果就是霍金输了。20世纪90年代，越来越多的证据证明这就是一个黑洞。

随着观测到的黑洞越来越多，天文学家依据黑洞的质量大小将其分成**恒星级质量黑洞**（100倍太阳质量以下）、**中等质量黑洞**（100倍～10万倍太阳质量）、**超大质量黑洞**（10万倍太阳质量以上）。天鹅座X-1就是一个恒星级质量黑洞。恒星级质量黑洞在宇宙中的分布非常广泛，在银河系中，恒星级质量黑洞的数量估计在上亿个，它来自死去的大质量恒星（20倍太阳质量以上的恒星被归为大质量恒星）。当恒星内部的核燃料消耗殆尽，核反应的压力不足以抵御向内的引力，老去的恒星就会向内塌缩，引起强烈的爆炸（超新星爆发），最终坍缩成黑洞。

人们知道了电磁波谱的秘密之后，便不只限于在可见光波段观测天体了。对同一个天体，人们会在射电、红外、可见、紫外、X射线、伽马射线等不同波段去观测它，从而更加全面地认识该天体。这好比盲人摸象，以前只摸到象腿，现在能摸到耳朵、尾巴、鼻子、牙齿，虽然还不能摸全大象，但相比以前已经更接近全貌了。

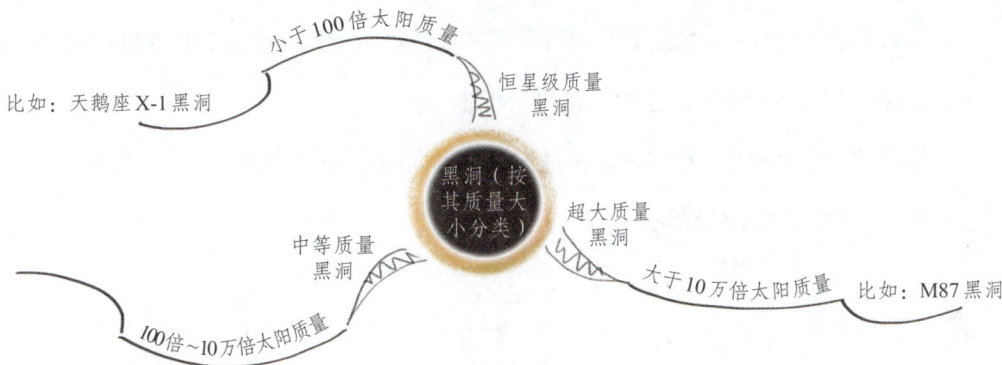

小于100倍太阳质量

比如：天鹅座X-1黑洞

恒星级质量黑洞

黑洞（按其质量大小分类）

中等质量黑洞

超大质量黑洞

大于10万倍太阳质量

比如：M87黑洞

100倍~10万倍太阳质量

黑洞的分类

　　X射线天文学发展始于20世纪40年代，但是地球大气层阻挡了部分来自外太空的X射线（感谢大气层的保护），X射线探测的大规模发展发生在人造卫星技术成熟以后。钱德拉X射线天文台就是一台专门探测X射线的空间望远镜，在大气层以外工作。它首次探测到了银河系中心超大质量黑洞辐射出的X射线，还发现了星系M82中存在中等质量黑洞。

引力波

　　爱因斯坦根据广义相对论预言了引力波的存在，近百年后，2015年9月14日美国的LIGO成功探测到了引力波信号，这是人类首次探测到引力波信号，它来自两个恒星级质量黑洞的合并事件。两个相距几十千米的黑洞（质量分别为太阳质量的36倍和29倍）相互旋转，速度越来越快，靠得越来越近，最终碰到一起，合并后质量为太阳质量的62倍。在两个黑洞相互缠绕旋转的过程中，搅动起时空的涟漪，巨大的能量通过引力波向四周传播。三位美国科学家因此获得2017年的诺贝尔物理学奖。

　　迄今为止，LIGO多次（通过引力波）探测到黑洞合并事件，列举如下。

　　事件GW150914（第一例），两个黑洞的质量分别为太阳质量的29倍和36倍，合并成一个62倍太阳质量的黑洞。

事件GW170104（第三例），两个黑洞的质量分别为太阳质量的31.2倍和19.4倍，最终合并成一个48.7倍太阳质量的黑洞。

事件GW170608，两个黑洞的质量分别为太阳质量的7倍和12倍，合并后产生一个18倍太阳质量的黑洞。

提问：合并后的黑洞质量小于合并前两个黑洞的质量和，减少的质量去哪里了呢？

回答：以引力波的形式辐射出去了。

除了两个黑洞的合并事件，2017年的双中子星合并事件GW170817也非常值得关注。

伴星运动

黑洞本身并不发光，我们无法"看见"黑洞本身，但是黑洞强大的引力会影响周围天体的运动，目前探测到的恒星级质量黑洞都是拥有伴星的黑洞。

思考：X射线、引力波探测器发现的黑洞有什么共同点？是不是都有伴儿？黑洞不是孤立的存在？在这一章的探索故事中，小酷他们正是通过伴星运动间接发现了黑洞的位置，他们甚至还能根据万有引力定律估算出黑洞的质量。

科学家们在长期观测银河系恒星运动时，发现银河系中央区域的恒星轨道都绕开了一个区域，那里有一个神秘的且看不见的天体牵引着恒星围绕它运动。他们猜测，这个神秘的天体就是黑洞。2020年诺贝尔物理学奖的一半就授予了发现银河系中心超大质量致密天体的两位科学家根策尔和盖兹。计算推测，银河系中心的这个黑洞的质量相当于400万个太阳质量。2022年，事件视界望远镜合作组织还给银河系中心黑洞人马座 A*（Sgr A*）拍了照片。

科学家们在几十个河外星系的中心都发现了超大质量黑洞，在超大质量黑洞周围，恒星们绕着它运动，通过恒星们运行的轨迹可以推知黑洞的大小。超大质量黑洞动辄有百万个太阳质量那么大，它不可能来自恒星的死亡，它的形成至今还是一个谜。

引力透镜效应

黑洞虽然神秘，但还是会露出一些"蛛丝马迹"。它牵引伴星围绕它运动，我们观测伴星运动可以找到它；它吸食伴星物质放出 X 射线等电磁辐射，这些辐射会被各种波段的望远镜等探测器探测到；两个黑洞合并前激起的引力波会被引力波探测器捕捉到；受扭曲时空影响的光的路径，同样会暴露它的位置，比如引力透镜效应。

爱因斯坦在 100 多年前就预言了引力透镜效应。当观测者和被观测的遥远天体之间刚好有一个黑洞，遥远天体发出的光线会发生弯曲，在观测者那里形成一个或多个像，这种现象叫作**引力透镜效应**。反过来，如果观测到引力透镜效应，就有理由怀疑黑洞的存在。

下页图中的这些光弧，它们的中心与星系（团）的中心重合，这些光弧是非常远的背景星系通过引力透镜形成的像。

最早发现引力透镜效应的是在美国亚利桑那州基特峰国家天文台工作的科学家们，他们用口径 2.1 米的光学望远镜观测到了"两"个靠得很近的类星体（QSO0957+561A 和 QSO0957+561B），二者视角相距只有 6 秒。这"两"个类星体的光谱、射电流密度都非常相似，最后科学家们确认这"两"个类星体其实是由一个实体产生的两个虚像。

目前科学家们已经发现了数百个引力透镜，引力透镜一个很重要的作用是能帮助我们窥视宇宙的更深处，看到更遥远的天体。理论上，任何天体都会扭曲周围的时空形成引力透镜，但只有当"引力透镜"扭曲能力足够强大，并且后面正好有可被观测的发光天体的时候，才能通过引力透镜效应发现黑洞。

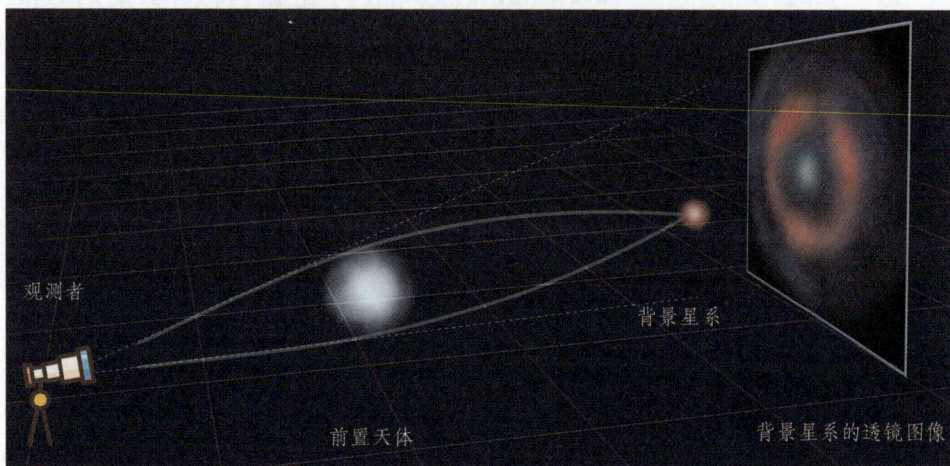

由于引力透镜效应，背景星系形成多个像

6.3 给黑洞拍照

　　我们已经介绍了4个间接寻找黑洞的方法，有没有可能直接给黑洞拍一张照片呢？科学家们已经想到了，2019年事件视界望远镜合作组织发布了人类历史上第一张真实的黑洞图像，这一张图像是由8个射电望远镜阵列联合拍摄的。

　　事件视界望远镜合作组织的这8个射电望远镜阵列分布于全球6个地方，分别是位于南极的南极望远镜（SPT）；位于智利的阿塔卡马大型毫米波阵列（ALMA）和阿塔卡马探路者实验望远镜（APEX）；位于墨西哥的大型毫米波望远镜（LMT）；位于美国亚利桑那州的亚毫米波望远镜（SMT）；位于美国夏威夷州的麦克斯韦望远镜（JCMT）和亚毫米波阵列（SMA）；位于西班牙的30米毫米波望远镜（PV）。

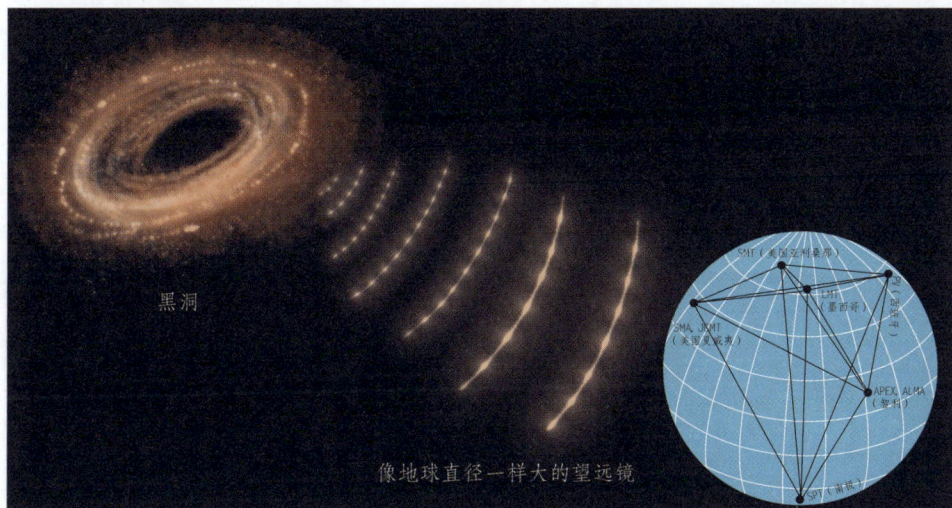

黑洞

像地球直径一样大的望远镜

事件视界望远镜合作组织的8个射电望远镜阵列模拟出地球直径大小的望远镜，给黑洞拍照

这8个射电望远镜阵列模拟出一台口径跟地球直径一样大的望远镜。望远镜的口径越大，分辨率就越高，据说事件视界望远镜的分辨率相当于可以在我国北端的漠河清晰识别出南沙群岛上一张报纸的标题字号。

被拍摄对象是M87星系（河外星系）中心的超大质量黑洞，距离我们约5400万光年。为什么不拍摄离我们更近的银河系中心的黑洞呢？那也是超大质量黑洞呀。原因有两点，一是，M87星系中心的黑洞活跃度远远高于银河系中心的黑洞，黑洞越活跃，它的吸积盘就越明亮，就更容易被观测到。二是，M87星系中心的黑洞质量更大，是银河系中心黑洞质量的1500多倍，虽然它离我们更远，但在地球上看来，这两个黑洞看起来都差不多大。综合考虑下来，就选择了更加容易观测的M87星系中心超大质量黑洞作为拍摄对象。

M87黑洞的拍摄展现了全球合作研究的新范式。2017年，8台射电望远镜同时连线观测，拍摄搜集的数据量相当大，共计5000万亿字节，存储这些数据的硬盘足足有半吨重。如此庞大的数据，依靠网络传输会是一个非常漫长的过程，实际上是通过空运将存储数据的硬盘送到研究所。处理这些数据并最后将其拼接成照片花费了两年的时间。终于，2019年4月10日全球多地同时发布了这张来之不易的黑洞写真照片（如下图左上角所示），照片一发布，万众瞩目，有人说它像蜂窝煤球，有人说它像猫眼，有人说它像一个"甜甜圈"。可以说，第一张黑洞照片是天文学、物理学、计算机科学、算法科学等多学科领域专家努力协作的结果。

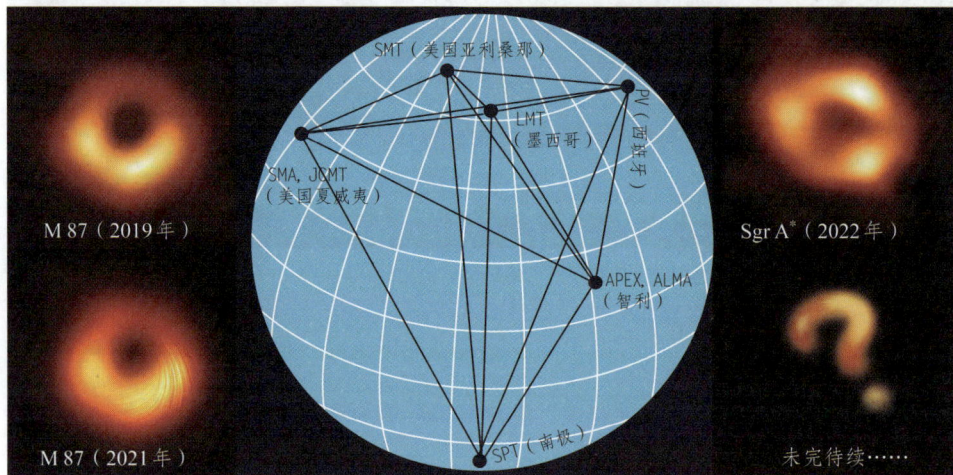

事件视界望远镜和它拍摄的黑洞照片

2021年3月，事件视界望远镜合作组织又发布了一张照片——M87超大质量黑洞的偏振光照片（如上图左下角所示），比起两年前的照片，这张照片多了一些螺旋纹路，形似"曲奇"。新的"曲奇"与2019年的"甜甜圈"来自同一次成像观测，只是处理偏振图像花费的时间更长。黑洞的偏振图像包含了更多的信息，有助于科学家们更深入地理解黑洞周围的物理环境。

黑洞的强大引力不仅吸引着周围的物质，也吸引着人类的好奇心。2022年5月，事件视界望远镜合作组织发布了银河系中心的黑洞Sgr A*的首张照片。接下来，事件视界望远镜的镜头又将对准哪里呢？

黑洞内部的时空是什么样子的？超大质量黑洞来自哪里？原初黑洞存在吗？黑洞的尽头是什么？更多有关黑洞的信息还等待着人类去探索……